国家出版基金项目
NATIONAL PUBLICATION FOUNDATION

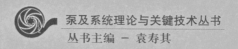

泵及系统理论与关键技术丛书
丛书主编 – 袁寿其

Energy Saving Operation Theory and Key Technology of Centrifugal Pump System

离心泵系统节能运行理论与关键技术

骆 寅 汤 跃 著

江苏大学出版社
JIANGSU UNIVERSITY PRESS

镇 江

图书在版编目(CIP)数据

离心泵系统节能运行理论与关键技术 / 骆寅，汤跃
著. — 镇江 ：江苏大学出版社，2021.5
（泵及系统理论与关键技术丛书 / 袁寿其主编）
ISBN 978-7-5684-1463-0

Ⅰ. ①离… Ⅱ. ①骆… ②汤… Ⅲ. ①离心泵－节能
－运行－研究 Ⅳ. ①TH311.07

中国版本图书馆 CIP 数据核字(2020)第 267959 号

离心泵系统节能运行理论与关键技术
Lixinbeng Xitong Jieneng Yunxing Lilun yu Guanjian Jishu

著　　者/骆　寅　汤　跃
责任编辑/吴昌兴　王　晶
出版发行/江苏大学出版社
地　　址/江苏省镇江市梦溪园巷 30 号(邮编：212003)
电　　话/0511-84446464(传真)
网　　址/http：//press.ujs.edu.cn
排　　版/镇江文苑制版印刷有限责任公司
印　　刷/南京爱德印刷有限公司
开　　本/718 mm×1 000 mm　1/16
印　　张/16.5
字　　数/305 千字
版　　次/2021 年 5 月第 1 版
印　　次/2021 年 5 月第 1 次印刷
书　　号/ISBN 978-7-5684-1463-0
定　　价/78.00 元

如有印装质量问题请与本社营销部联系(电话：0511-84440882)

丛书序

泵通常是以液体为工作介质的能量转换机械，其种类繁多，是使用极为广泛的通用机械，主要应用在农田水利、航空航天、石油化工、冶金矿山、能源电力、城乡建设、生物医学等工程技术领域。例如，南水北调工程，城市自来水供给系统、污水处理及排水系统，冶金工业中的各种冶炼炉液体的输送，石油工业中的输油、注水，化学工业中的高温、腐蚀液体的输送，电力工业中的锅炉水、冷凝水、循环水的输送、脱硫装置，以及许多工业循环水冷却系统，火箭卫星、车辆舰船等冷却推进系统。可以说，泵及其系统在国民经济的几乎所有领域都发挥着重要作用。

对于泵及系统技术应用对国民经济的基础支撑和关键影响作用，也可以站在能源消耗的角度大致了解。据有关资料统计，泵类产品的耗电量约占全国总发电量的 17%，耗油量约占全国总油耗的 5%。由于泵及系统的基础性和关键性作用，从中国当前的经济体量和制造大国的工业能力角度看，泵行业的整体技术能力与我国的经济社会发展存在着显著的关联影响。

在我国，围绕着泵及系统的基础理论和技术研究尽管有着丰富的成果，但总体上看，与国际先进水平仍存在一定的差距。例如，消防炮是典型的泵系统应用装备，作为大型设施火灾扑救的关键装备，目前 120 L/s 以上大流量、远射程、高射高的消防炮大多使用进口产品。又如，现代压水堆核电站的反应堆冷却剂泵（又称核主泵）是保证核电站安全、稳定运行的核心动力设备，但是具有核主泵生产资质的主要是国外企业。我国在泵及系统产业上受到的能力制约，在一定程度上说明对技术应用的基础性支撑仍旧有很大的"强化"空间。这主要反映在一方面应用层面还缺乏关键性的"软"技术，如流体机械测试技术，数值模拟仿真软件，多相流动及空化理论、液固两相流动及流固耦合等基础性研究仍旧薄弱，另一方面泵系统运行效率、产品可靠性与寿命等"硬"指标仍低于国外先进水平，由此也导致了资源利用效率的低下。按照目前我国机泵的实际运行效率，以发达国家产品实际运行效率和寿命指标为参照对象，我国机泵现运行效率提高潜力在 10% 左右，若通过泵及系统关键集成技术攻关，年总节约电量最大幅度可达 5%，并且可以提高泵产品平均使用寿命一倍以上，这也对节能减排起到非常重要的促进作用。另外，随着国家对工程技术应用创新发展要求的提高，泵类流体机械在广泛领域应用中又存在着显著个性化差异,由此不断产生新的应用需求,这又促进了泵类机械技术创新,如新能源领域的光伏泵、熔盐泵、LNG 潜液泵,生物医学工程领域的人工心脏泵,海水淡化泵系统,煤矿透水抢险泵系统等。

可见,围绕着泵及系统的基础理论及关键技术的研究,是提升整个国家科研能力和制造水平的重要组成部分,具有十分重要的战略意义。

在泵及系统领域的研究方面,我国的科技工作者做出了长期努力和卓越贡献,除了传统的农业节水灌溉工程,在南水北调工程、第三代第四代核电技术、三峡工程、太湖流域综合治理等国家重大技术攻关项目上,都有泵系统科研工作者的重要贡献。本丛书主要依托的创作团队是江苏大学流体机械工程技术研究中心,该中心起源于 20 世纪 60 年代成立的镇江农机学院排灌机械研究室,在泵技术相关领域开展了长期系统的科学研究和工程应用工作,并为国家培养了大批专业人才,2011 年组建国家水泵及系统工程技术研究中心,是国内泵系统技术研究的重要科研基地。从建立之时的研究室发展到江苏大学流体机械工程技术研究中心,再到国家水泵及系统工程技术研究中心,并成为我国流体工程装备领域唯一的国际联合研究中心和高等学校学科创新引智基地,中心的几代科研人员薪火相传,牢记使命,不断努力,保持了在泵及系统科研领域的持续领先,承担了包括国家自然科学基金、国家科技支撑计划、国家 863 计划、国家杰出青年基金等大批科研项目的攻关任务,先后获得包括 5 项国家科技进步奖在内的一大批研究成果,并且 80% 以上的成果已成功转化为生产力,实现了产业化。

近年来,该团队始终围绕国家重大战略需求,跟踪泵流体机械领域的发展方向,在不断获得重要突破的同时,也陆续将科研成果以泵流体机械主题出版物形式进行总结和知识共享。"泵及系统理论及关键技术"丛书吸纳和总结了作者团队最新、最具代表性的研究成果,反映在理论研究及关键技术优势领域的前沿性、引领性进展,一些成果填补国内空白或达到国际领先水平,丰富的成果支撑使得丛书具有先进性、代表性和指导性。希望丛书的出版进一步推动我国泵行业的技术进步和经济社会更好更快的发展。

国家水泵及系统工程技术研究中心主任
江苏大学党委书记、研究员

前　言

　　泵作为重要的能量转换装置和流体输送设备,是应用极其广泛的通用机械。据统计,泵的耗电量约占全国总发电量的 17%,而目前我国泵的实际使用效率却比发达国家低 10%～30%,节能形势十分严峻。我国政府一直十分重视泵的节能工作,制定并完善了一系列的法律和法规来保证泵节能工作的实行。长期以来我国泵行业节能工作的重点是通过提高水泵设计和加工水平改善水泵本身的性能,从而实现节能,因此国内有大量的业内人士就如何提高水泵的效率而努力,直到目前,设计水平已与国外先进水平相当,由于制造技术和工艺有差距,效率比国外先进水平低 2%～4%,但在实际使用上,泵运行效率却比发达国家低 10%～30%,因此可从系统优化运行的角度实现泵节能潜力的进一步开发。

　　本书针对如何通过系统优化运行实现泵节能潜力的进一步开发,在国家科技支撑计划(2011BAF14B02)、国家自然科学基金项目(51409125)、江苏省自然基金重点项目(BK2007706)等项目的资助下,针对传统离心泵运行机理分析只适用于完整系统特性已知的情况,而对完整特性不可知的复杂系统缺乏分析方法的现状,建立了复杂离心泵系统运行机理分析方法,并根据系统的能量需求情况,对离心泵系统进行了分类,针对各类系统分别建立了最小需求能耗运行控制线的数学模型;针对传统的调度模型忽视了水泵运行过程中,由于不同工况而造成的维护费差异问题,本书采用泵的振动强度来评估这些差异,根据泵的振动特性,首次建立了反映水泵运行过程中磨损费用的目标函数,形成了新的调度模型,并将该模型应用于某离心泵系统。结果表明,新模型可以对传统模型所求得的结果进行修正,使离心泵运行在低振动状态,且维修费用也有所降低。首次建立了计及变频器切换的调度控制模型,通过仿真试验证明,采用该方法配置的离心泵系统能够运行在更加节能的工况。应用流体力学、电工学、控制论中的相关原理建立了离心泵供水系统控制模型,形成了包括常规 PID、NCD-PID、模糊 PID 控制器等系列泵模型控制方法。针对离心泵系统运行控制策略与系统的配置密切相关,但传统的配置过程却较少考虑优化控制策略的情况,在对离心泵运行机理研究的基础上,建立了基于运行控制策略的离心泵系统配置可行性和经济性的数学分析方法;针对目前缺少解决恶劣工业现场泵系统能耗审计的有效手段,对能耗高、效率低的泵站无法实施有效改进手段的问题,创新了一种先进的泵系统能耗在线测量与分析方法,研发了工业泵系统在线能耗测试系统,解决了恶劣工业现场下泵系统能耗审计的问题,有效挖掘工业循环供水泵系统运行节能空间。

本书内容包括了江苏大学流体中心优秀研究生秦武轩、郑颖、许燕飞、赵坤、张新鹏、马正军、黄志攀、成军、石洋、熊志翔等的研究成果。全书由骆寅、汤跃统稿,感谢邹佳敏博士在统稿中的帮助。

本书内容较多,且限于作者能力和知识水平,虽数易其稿,但书中难免存在疏漏之处,恳请读者批评指正。

著　者

主要符号表

符号	物理意义	单位
Q	流量	m^3/h
Q_t	理论流量	m^3/h
H	扬程	m
H_t	理论扬程	m
H_{dyn}	系统阻力扬程	m
H_{stat}	系统静扬程	m
H_{geo}	系统位能	m
H_{DO}	系统末端动扬程	m
P	输入功率	kW
n	转速	r/min
η	效率	%
n_s	比转速(比转数)	
g	重力加速度	m/s^2
ρ	密度	kg/m^3
$[H_s]$	允许吸上真空度	m
$NPSHA$	装置汽蚀余量	m
H_s	装置扬程	m
p	压力	Pa
K	阻力损失系数	
z	高差	m
v	流动速度	m/s

符号	物理意义	单位
P_{in}	电机输入功率	kW
P_O	系统输出功率	kW
P_N	系统最小需求功率	kW
P_A	泵输出功率	kW
e_1	千吨水能耗	kW·h/kt
e_2	能源单耗	kW·h/(kt·m)
Re	雷诺数	
h_{los}	压力损失	m
E	一段时间内的总电量	kW·t
J	机组轴功率	kW
d	启停次数	
V	振动强度	mm/s
R	运行状态指标,[0-1]	
F	力	N
C	常数	
K_p, K_i, K_d	PID 参数	
σ	超调量	%
γ	水的容重	9 800 N/m³
s	电机转差率	
I	电机电流	A
U	电机电压	V
T_1	气隙转矩	
p	电机极数	
p_a	大气压力	Pa
v_u	绝对速度的圆周分量	m/s
u_2	叶片出口圆周速度	m/s

目 录

1 绪论 001

1.1 概述 001

1.2 水泵系统优化运行控制过程的研究及进展 003

  1.2.1 水泵系统优化运行控制过程的实现 003

  1.2.2 供给优化的研究现状及分析 004

  1.2.3 优化调度的研究现状及分析 009

  1.2.4 水泵控制系统的研究现状及分析 011

1.3 水泵系统优化配置的研究及进展 013

1.4 本书主要内容 015

2 离心泵及其系统基础 016

2.1 离心泵基础 016

  2.1.1 泵的分类 016

  2.1.2 泵的性能参数 018

  2.1.3 离心泵的结构 020

2.2 离心泵能量及其运行特性 023

  2.2.1 离心泵的基本能量特性 023

  2.2.2 离心泵的运行调节特性 026

2.3 离心泵系统装置特性 029

  2.3.1 水泵装置及装置的特性曲线 029

  2.3.2 装置特性曲线的调节 031

2.4 泵系统调节机理 032

  2.4.1 物理模型 033

  2.4.2 数学分析 035

2.5 离心泵系统调节机理试验研究 042

  2.5.1 试验装置 042

2.5.2 试验过程及试验结果分析 045

3 离心泵系统供水优化策略 047

3.1 离心泵系统能量关系及其能耗指标 047

3.1.1 离心泵系统能量流程 047

3.1.2 离心泵系统按能量需求分类 048

3.1.3 常用能耗指标 049

3.2 离心泵系统最低运行扬程需求及其实现 051

3.2.1 具有调速装置的离心泵系统最低系统需求及其
实现 051

3.2.2 无变频调速配置的离心泵系统扬程供给优化 060

3.2.3 离心泵系统扬程需求计算 061

3.3 离心泵系统运行流量需求预测 064

3.3.1 需水量预测方法的分类 064

3.3.2 几种典型预测方法的评析 066

4 离心泵系统优化运行控制 069

4.1 离心泵调度控制 069

4.1.1 常规调度模型 069

4.1.2 计及运行状态的水泵目标模型建立 072

4.1.3 计及变频器切换的调度模型 079

4.1.4 调度模型中的计算方法 081

4.1.5 仿真试验分析 084

4.2 泵系统变频调速控制模型及控制器设计 089

4.2.1 理论模型 089

4.2.2 基于 Matlab 的供水系统物理建模 093

4.2.3 变频供水系统控制模型的试验研究 095

4.2.4 变频过程控制器设计 107

4.2.5 启停控制设计 115

4.3 离心泵系统控制系统设计 118

4.3.1 单片机控制系统 119

4.3.2 PLC 控制系统 127

5 **离心泵系统优化配置** 147

5.1 **离心泵优化选型** 147

5.1.1 选型基本原则 147

5.1.2 选型方法 148

5.1.3 选型步骤 149

5.1.4 水泵机组优化选型数学模型 150

5.1.5 单调速方案的泵站机组配置 154

5.2 **泵管路系统设计** 156

5.2.1 管线的配置 156

5.2.2 管材的选择 158

5.2.3 管径的计算 159

5.3 **基于优化运行控制的泵系统配置** 161

5.3.1 各种配置下的水泵运行区域模型研究 162

5.3.2 各种配置下的需求区域模型研究 164

5.3.3 离心泵配置对优化运行策略的可行性研究 166

5.3.4 各种配置下的离心泵优化运行的经济性研究 168

5.3.5 各种配置下离心泵系统配置的经济性研究 169

5.4 **Flowmaster 的泵系统分析仿真模型建立及其仿真** 169

5.4.1 Flowmaster 计算原理简介 169

5.4.2 Flowmaster 元件选择及其建模 172

5.4.3 建模案例 174

6 **离心泵系统能耗在线测试与分析** 177

6.1 **离心泵系统能耗测试基础** 177

6.1.1 能耗测试要求 177

6.1.2 在线能耗测试原理 178

6.2 **离心泵系统能耗系统** 188

6.2.1 离心泵在线能耗测试系统组成 188

6.2.2 无线能耗分析系统软件设计 194

6.3 **离心泵系统能耗计算与分析** 197

6.3.1 水泵性能及运行参数的描述 197

6.3.2 水泵运行参数及能耗指标的计算 199

7 **离心泵系统节能策略典型案例** 204

  7.1 案例一:循环水系统节能技术 204

    7.1.1 水泵系统概述 204

    7.1.2 运行分析 208

    7.1.3 技术改造策略分析 211

  7.2 案例二:城市给排水行业典型泵系统节能 216

    7.2.1 泵站概述 216

    7.2.2 取水系统运行现场测试 218

    7.2.3 运行需求分析 220

    7.2.4 改造方案设计 228

    7.2.5 实施效果 231

参考文献 232

附　录 240

    附表 1 水的密度 ρ　240

    附表 2 水的等温系数 k　243

    附表 3 水的平均定压比热 $\overline{C}_p$　246

① 绪 论

1.1 概述

能源是国民生活和工业发展的基础,随着现代经济的飞速发展,世界人口数量快速增长,能源问题日益突出[1]。能源消耗从 2016 年起至 2030 年将会至少增长 30%,节能问题已经成为世界关注的焦点,减少能源消耗和提高能量利用率成为热门的研究领域[2]。离心泵作为通用机械,在各个行业中占据重要地位,且有着迫切的节能需求。离心泵主要用于抽送液体,比如原料、产品、溶剂等。离心泵按照应用领域划分主要有电站用泵、化工用泵、石油天然气用泵、污水处理用泵、采矿用泵、采暖通风和空调系统用泵等。

国际能源组调查显示,电机耗电量占全球电量消耗的 46%,约占工业总耗电量的 70%[3]。在美国工业电机系统中,整个泵系统消耗的电量占工业总耗电量的 25%[4]。中国第三次工业普查资料显示,水泵设备装机总功率已达到 1.1 亿千瓦,年总耗电量 2 200 亿千瓦时,约占全国电力消耗总量的 20%,约占工业用电量的 30%。目前,国内水泵的实际使用效率普遍比发达国家低 10%～30%,还有很大的节能潜力,节能空间巨大。我国政府一直十分重视泵的节能工作,制定并完善了一系列的法律、法规等,比如《中华人民共和国节约能源法》《节能中长期专项规划》《中国节能技术政策大纲》。随着泵节能工作的开展,节能工作出现了新的特点。

（1）节能观念发生转变:节能含义扩大[5]

人们普遍认为的"泵节能"实际上是指提高泵的效率,提高泵机组的运行效率,这是最直观的节能,是泵节能工作的重要内容,但在工程实际中出现了以下情况。例如在环境保护方面,泵不可避免地存在泄漏问题,泄漏废液会污染环境;泵噪声也是重要的污染源之一。因为处理泄漏和噪声都需要投资和附加能源消耗,所以泵环境保护亦属泵节能范畴。又如在可靠性方面,泵每次出现故障都有可能造成被迫停产而进行故障处理。停产的损失是巨大的,甚至会严重影响人们的正常生活(如供水泵出现故障)。振动和噪声诱发泵轴断裂事故早已为人们所熟知。倘若振动导致泵的损坏,发生故障和事故,将会使人、财、物等遭受巨大损失。显然,提高泵的可靠性和延长其使用寿命亦是泵节能的内容。此外,节材也是节能的具体表现。因此,传统节能的观念并非泵节能的全部内容,泵节能还应该包括环境保护、提高泵机组可靠性、节材等。

(2)工作重点的转移:由泵本身节能到系统节能和运行节能[6,7]

长期以来,我国泵行业节能工作的重点是通过提高水泵设计和加工水平来提高水泵本身的性能,从而实现节能,这是最根本的节能措施。水泵的高效性、可靠性是节能工作的前提,因此,国内有大量的业内人士就如何提高水泵的效率而努力。目前,我国泵设计水平已与国外先进水平相当,但由于制造技术和工艺有差距,效率比国外先进水平低2%～4%。同时由于泵类流体机械复杂的流道形状、高速旋转、流体黏性及动静部件间的相互干涉作用,决定了泵内的流动实际上是一种三维的、黏性的、非定常的复杂流动方式,有的甚至还是固液或气液等多相流动,而目前对泵内流动机理的研究还不够,国内外泵设计理论和方法总体上还处于理论和经验相结合的阶段,其设计方法在短时间内很难有革命性的突破。

在实际使用上,我国水泵运行效率普遍比发达国家低10%～30%,单纯依靠提高水泵产品效率来大量节能似乎不可行。大量的学者开始意识到泵节能是一个系统工程,它不仅要求制造厂生产更多的高效产品,更需要从系统的角度和运行控制的角度来实现节能。

一方面,系统节能是实现泵节能的关键。系统节能是从系统的角度使系统各个组成件的匹配是最佳的、最合理的。而目前国内,由于在设计选型中基于安全等原因,"大马拉小车"现象严重,这就造成了水泵运行工况点偏离高效点,实际运行效率低,比国外先进水平低10%～30%。因此,研究各种泵的选用规范和计算方法是广大用户和泵行业面对的最大节能课题,其节能潜力比提高泵本身效率的潜力大许多倍。

节能的泵系统是实现运行节能的必要条件,但并不能说建立了节能的泵系统就能实现泵的运行节能。这是因为泵在实际工作中,由于工艺流程的变化,泵要适时进行调节;此外,对于不节能的稳定工况的泵系统也可通过调节实现节能,即在调节中实现能量回收或减少能量消耗。而目前,由于水泵在配置上的不合理,管网阻力计算存在误差,因而我国现行运转的多数泵的工作流量远小于额定流量,工作压力远大于额定压力,因此现场多采用阀门节流来调节流量,以满足不断变化的流量要求。这种方式是一种不经济的运行方式,国内外的经验表明,采用变速调节,切割叶轮外径,控制水泵的启停是避免节流损失的有效方法。其中,随着变频调速设备价格的降低,较为有效的变速调节应用越来越广泛。据统计,我国有90%以上的泵系统还在采用传统的"阀门"调节,若改变这种调节方式,就可取得平均节电30%的效果,节电潜力相当大。

另一方面,也可通过优化运行来提高水泵的可靠性,改善对环境的影响。如在减振上,Bloch[8],Erickson[9],Stavale[10]指出可通过降低水泵机组振级来减少维护费用,同时也用试验证明,水泵振级与水泵转速、运行工况等因素有关;在降低汽蚀上,Shiels[11]指出当大小泵搭配并联运行时,发生汽蚀的可能性就大大增加,通过优化控制运行可降低其发生概率。

因此在新节能要求和理念下,如何采用水泵系统优化配置和优化运行控制实现水泵系统节能潜力的深层次挖掘将成为水泵节能的发展趋势和研究热点,这对于提高水泵系统的能源利用效率及节约能源的国家重大工程有着重要的意义和影响。

1.2　水泵系统优化运行控制过程的研究及进展

1.2.1　水泵系统优化运行控制过程的实现

水泵系统是通过吸收一定的能量(如电能)而输出较高能量的液体流,以完成流体输送等某种生产作业任务的系统。与其他的能量转换系统相似,它的工作过程需要包括目标制订、目标形成、目标实现。就水泵系统而言,其优化运行过程[12,13]如图1.1所示。

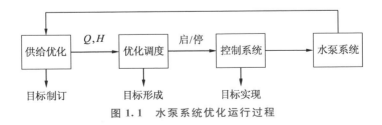

图 1.1　水泵系统优化运行过程

水泵作为水泵系统中的动力源,满足用户需求是通过水泵的工作来实现的,但实际上单靠水泵是无法完成的,必须借助管网等其他附属设备,以系统的形式来工作,因此需要在已知管网需求量的前提下确定水泵机组的出水流量和压力,在满足用户需求的基础上,最大限度地减少能量在管网等附属设备的损失便成为水泵系统优化运行过程的第一步,即为一级寻优。

在已知水泵机组所需形成的流量和压力时,对多泵系统则需要进行任务分配,决定泵站机组最佳的并联运行组合方案及各变速泵的最佳转速,使水泵机组耗能最少,运行费用最低,即为优化调度。此为二级寻优。

实现二级寻优的结果,并且保证水泵在调节过程中稳定运行是控制系统的工作目标,此过程的实现需要对水泵控制系统进行一定的优化设计。

1.2.2 供给优化的研究现状及分析

供给优化(一级寻优)是在已知管网用水量的前提下,确定水泵机组最佳的出水流量和压力。目前国内外在这方面的研究成果主要表现为两点:一是通过对管网的优化设计和布置,在满足需求的基础上,尽可能地减少水泵因克服管网阻力而损失的能量;二是在管网结构不变的基础上,通过优化水泵的运行控制方式尽可能地减少能量损失[13]。

(1) 管网优化设计和布置

在管网优化设计研究的发展过程中,由于管网优化设计对整个系统投资的影响较大,所产生的经济效益也比较显著,因而研究人员对管网优化设计的研究非常重视。

管网优化设计研究始于 20 世纪 60 年代末,经过 60 多年的发展和完善,管网设计模型和算法在工程实践中得到了较为广泛的应用,成为提高系统设计水平和设计效率的重要工具。已有许多学者如 Epp 和 Fowler、宇士西川、Lackowit 和 Petretti、刘遂庆、Cembrowicz、严煦世等进行了很多相关的研究工作[14]。

目前管网设计优化模型大致可分为数学规划模型和非数学规划模型两大类。其中应用最广泛的是基于数学规划技术的优化模型,如线性规划模型、非线性规划模型、动态规划模型和整数规划模型等;非数学规划模型大多是基于已有工程经验和观察所总结的经验性方法,或者是使用特定网络结构的启发式方法。在实际应用中,由于优化设计的目标、所要考虑的约束条件、管网结构类型、系统规模大小等因素的不同,可选用不同的优化模型来适应实际的情况。

管网布置是管网规划设计的前提和基础,直接影响工程投资的经济合理性、管道水力性能的稳定性和系统运行的安全性。目前,已经形成了多种各具特色的优化布置方法,为管网优化布置提供了多种可选择的具体方法。

　　因此,一方面研究设计人员对管网的优化设计和布置十分重视;另一方面因其与初期投资及后续资金的使用直接相关,所以用户特别关注。相关研究的发展十分迅速,目前已基本上形成了一套比较完整的管网系统优化和布置方法[15−19],尽管在某些实际应用场合存在一定的局限性,但总体上已较为成熟。

　　(2)水泵运行控制方式的发展及现状

　　由于水泵都是与管道系统连接在一起的,对这些系统的调节控制都可归结为水泵工况的调节。因此,采取技术措施,合理地调节水泵工况,保证用户的用水要求,是水泵系统的一项重要工作。

　　水泵工况的控制调节总体上分为三类。第一类是对水泵开停双位的控制,按照液位(或压力值)、流量等参数的要求,改变每台水泵的开、停状态或改变水泵的运行台数;第二类是对管路系统特性进行调节,如管路系统中阀门的开启度、液位的升降等;第三类是对水泵特性进行调节,如改变水泵的转速等。

　　不同的调节方法,决定了水泵采用何种方式供水,而不同的供水方式决定了在满足相同的需求下,水泵需要提供多少能量,对供水方式的优化目标就成为如何确定最优的供给能量。

　　① 恒速供水方式

　　a. 单台恒速泵的直接供水方式。在这种供水方式中,水泵从蓄水池中抽水加压后直接送往用户,有的甚至连蓄水池也没有,直接从水源抽水。这种系统形式简单、造价最低,但耗电、耗水严重,水压不稳,供水质量极差。

　　b. 恒速泵加水塔的供水方式。这种供水方式是水泵先向水塔供水,再由水塔向用户供水。水塔的合理高度是使水塔最低水位略高于系统所需压力。水塔注满后水泵停机,水塔水位低于某一位置时再启动水泵,水泵处于断续工作状态中。对于这种供水方式,水泵工作在额定流量、额定扬程的条件下,水泵效率处于高效区。这种方式显然比前一种节电,其节电率与水塔容量、水泵额定流量、用水不均匀系数、水泵的开停时间比、开停频率等有关,供水压力比较稳定。但这种供水方式基建设备投资最大,占地面积也大,水压不可调,不能兼顾近期与远期的需要。而且,系统水压不能随系统所需流量和系统所需压力的减小而减小,故还存在一些能量损失,另外也存在二次污染问题。在使用过程中,如果该系统水塔的水位监控装置损坏,泵不能自动开停,则泵的开停将完全由人工操作,这样将会造成能量的严重浪费和供水质量的严重下降。

　　c. 恒速泵加高位水箱的供水方式。这种供水方式的原理与恒速泵加水塔供水方式的原理基本相同,区别只是采用恒速泵加高位水箱供水方式时水箱设在建筑物的顶层,因而占地面积与设备投资都有所减少。对于高层建筑,还可分层设水箱。但这种供水方式对建筑物的造价与设计都有影响;同时水箱受建筑物的限制,其容积不能过大,所以供水范围较小。另外,水箱的水位监控装置也容易损坏,这样,系统的开停完全由人工操作,使系统的供水质量下降、能耗急剧增加。

d. 恒速泵加气压罐的供水方式。这种方式是利用封闭的气压罐代替高位水箱蓄水,通过监测气压罐内压力来控制泵的开停。气压罐的占地面积与水塔和水箱相比,相对较小,而且可以放在地上,设备的成本比水塔要低得多。气压罐是密封的,因此大大减小了水质受二次污染的可能性。这种供水方式很受欢迎,应用十分广泛,但也存在许多缺点,如气压罐式是依靠压力罐中的压缩空气送水,当系统所需水量下降时,供水压力就会超出系统所需压力而造成能量的浪费,同时气压罐的耗钢量也较大。

② 变频调速供水方式

相对于通过调节水泵出口管路上的阀门来改变管路特性,实现水泵工况点调节的方法,通过调节水泵转速,改变水泵的特性曲线,从而实现水泵工况点的调节是一种高效节能的调节方式。

随着科技的进步,变频调速技术迅猛发展,且使用价格已渐渐为水泵用户所接受。变频驱动(VFD)被应用于要求精确地控制流量、变速或长时间运行的大型泵、功率损失高的场合。用途不同,水泵调速的控制参数也有所不同,主要有如下 3 种典型情况:

a. 恒流调速。这是给水系统一泵站的典型情况。一泵站水泵由江河湖泊取水,加压送入水处理厂。为了保证取水安全,一泵站往往按恒定取水水位设计,以水源最低水位为设计依据。这也是一种极端情况,对水泵的扬程要求最高。常年运行中多数时间内水源水位高于最低水位,经常处于常水位附近,实际需要的水泵扬程低于设计扬程,偏离设计工况,水泵设计扬程过剩,导致能量浪费。由于水厂通常在恒定流量下运行,要求一泵站也应按恒流方式运行,为此,在传统方式中,有的一泵站根据水位的变动,更换水泵叶轮,在一定程度上实现流量调节并节能。这是一种阶段式的调节,并且操作很不方便。更为常见的是,当水位高于设计水位时,采取关小管路阀门的方式消耗多余的水头,保证一泵站取水流量恒定。

因此,一泵站水泵也会长期运行在耗能高、效率低的工况下。为了避免这种水源水位变化产生的能量浪费,部分泵站开始对水泵工况进行以水量恒定为目的的变速调节。水源水位变幅越大,这种调节就越为必要。在调节过程中,由于不存在阀门启闭等原因造成的节流损失,因而这种调节方式几乎不存在由调节产生的能源浪费,是一种比较理想的调节方式。

b. 基于工艺流程的控制。给水排水系统中,还有许多水泵的工况调节往往是为了实现某个工艺流程,如某些药液的添加、温度控制、液位控制等,较为典型的是用于各种水处理药剂投加泵的调节。这种用途的水泵要求具有良好的调节精度,以保证药量按需投加,而采用调速的方法便可产生较好的效果。这是一种非恒压、非恒流的水泵调节,所利用的是变频调节的精确控制。调节过程中,可靠性是第一考虑因素,因此在调节过程中一般只存在变频控制调节。这种调节方式几乎不存在由调节产生的能源浪费,也是一种比较理想的调节方式。

c. 恒压供水。这种系统的原理是通过设在系统中的压力传感器将系统压力信号与设定值做比较,再通过控制器调节变频器的输出,无级调节水泵转速,进而使系统水压在流量变化时始终稳定在一定的范围内。

这类方法往往用在水量会发生变化的系统,可在保证供水需求得到满足的前提下,最大限度地节能。例如,二泵站、建筑与小区等给水系统要求保证用户的自由水压不低于某规定值,即最小自由水压。但用水情况是时刻变化的,在设计上为了保证供水的安全可靠性,要按最大时流量与扬程条件设计。然而,最大时流量是一种极端的用水情况,更为常见的是处于用水量较少的条件下,水泵的供水能力会有富余,供水压力高于用户要求的自由水压,从而造成能量的浪费。传统的解决办法是采用分级供水,但这种方法会造成水泵长期工作在低效率点,用户水压难以保证或水压过高造成浪费,特别是用水量变化较大时,问题就更严重,而采用恒压供水可以极大地改善这一情况。

变频恒压供水装置根据设定水压来自动调节水泵电机的转速,保持水泵出口压力恒定,但在用水低峰时就会出现管网压力过高,造成能源浪费。恒压供水技术虽然能节约一部分能源,但不能达到最佳的节能效果。

因此,有些专家提出分时段恒压供水[20],该方式也是将压力传感器设在水泵出口处,但其压力设定值不止一个。设置方法:将每日 24 小时按用水曲线分成若干时段,并计算出各时段所需的水泵出口压力,进行全日按时段变压,各时段恒压控制。这种控制方式其实是水泵出口恒压控制的特殊形式,比水泵出口恒压控制方式更节能,但这取决于全天 24 小时分成的时段数及所需水泵出口压力计算的精确程度,所需水泵出口压力计算得越符合实际情况就越节能,将全天分得越细越节能,当然控制的实现也越复杂。

基于恒压供水不能最大限度地节能,研究人员提出了变压供水方式。变压供水的一种方式是通过将压力控制点放在用户端,将用户端直接反馈的压力与设定值压力比较,从而进行控制,达到水泵出口变压的目的;另一种控制方式是将压力控制点放在水泵出口,使给定压力按装置需求曲线变化以达到水泵出口变压的目的。总之,变频变压供水就是用调速的方法使水泵按装置需求特性运行[20]。

国内对变压供水的研究始于 20 世纪 90 年代。1995 年,王柏林等[20]就提出了变频变压供水的概念,并且通过对供水系统的模型分析提出了可采用 PI 控制器达到其控制效果。1998 年,何政斌等[21]对实现变压变量运行的设备及其运行效果进行了研究。2000 年,王伟等[22]对如何进行变频调速变压供水系统进行了设计;同年,吴楚辉[23]应用 PXW9 型智能控制器实现变压供水。2001 年,黄治钟[24]讨论了变频变压供水在空调冷却水循环系统中的应用。2003 年,王乐勤等[25]提出了实现变压供水所面临的问题——不利点压力的传输问题、控制器的设计问题。由于最不利点一般距离水泵较远,压力信号的传输在实际应用中受到诸多限制,因而有些学者提出了用无线网络的方式将压力信号传送至水厂的智能调节仪,通过变频器控制水泵电机的转速,来实现变频变压供水系统的节能运行。

关于变压供水的概念,国外提出得比较早。最初是在 20 世纪 70 年代,一些学者就提出使用变频器来代替节流阀的作用,此时水泵的运行过程线为水泵全开时的泵装置特性曲线。1982 年,Hickock[26]就指出使用调速系统可以在水泵及其风机系统中节能。1984 年,Pottebaum[27]将变频器应用于水泵电机驱动中,并对如何选型进行了相应的指导。1988 年,波兰华沙科技大学 Coulbeck 等[28]通过预测用水量和需求水压优化调度泵站水泵实现变压控制。1997 年,Aijun 等[29]提出了一种从数据样本中寻找规则预测用水量的方法,实现对供水系统的变压控制。2006 年,西班牙 Inmaculada 等[30]利用年需水量曲线对泵站水泵进行了优化设计,根据需水量曲线得到管道压力特性曲线从而对供水系统进行变压控制。2008 年,巴西学者 Bortoni 等[31]在对某泵站用水量预测的基础上将变压供水和多泵优化运行算法结合对一泵站进行优化设计;同年,美国学者 Ulanicki 等[32]在论述采用调节转速的方法调节水泵运行的不利之处中表示,水泵的调节可能不是由用户完成的,因此在应用中对水泵运行的控制要更加精确以满足用户的需求。

国内外学者认为控制水泵沿装置的需求特性运行,系统的运行能耗最低[33-35]。因此,根据不同的供水需求关系 $Q = f(t)$,可以通过装置需求特性 $H_z = f(Q)$ 控制泵出口压力,使水泵系统调速变压运行[36,37]。但当用水设备或管网较为复杂时,整个系统的装置需求特性将变得不确定,使变压运行很难实施。于是就出现了在用水设备前或系统某一最不利点,控制该点的压力水头满足系统提升的高度,再加一定的需求水头,并保持该点压力水头恒定的运行方式。但此种方式在实施上也存在一定的难度,一方面是最不利点的压力信号传输问题,虽然有专家提出采用无线网络的方式传输,但会造成设备造价和维护成本大大增加,系统的可靠性降低;另一方面对于某些供水系统,在不利点安装传输压力信号的执行性太差。但是,达到最不利点恒压这一目的前提和该点压力值的设定与系统运行的经济性和可靠性却几乎没有展开讨论。传统的机理性分析只讨论泵系统整个装置需求特性与水泵特性的关系,适用于装置需求特性明确而不发生变化或变化规律明确的系统[36−38],因此此类系统的节能运行机理的研究较为成熟。并且,出现了一些学者,他们希望通过先进的数学工具(如神经网络),建立装置需求特性复杂系统的需求预测模型,以取得的成果来指导装置需求特性规律不确定系统的节能优化运行[39−42]。但实际上,预测的模型与实际是会产生偏差的,这会对供水安全产生一定的影响,因此需要对这一类水泵系统建立新的运行模型,同时满足节能和安全两大目标。

1.2.3 优化调度的研究现状及分析

二级寻优是根据一级寻优的结果,决定泵站机组最佳的运行组合方案及各变速泵的最佳转速,使水泵机组耗能最少,运行费用最低。因为实现此过程不需要对系统进行大量的改造,并且其能够有较好的经济效益,所以有很多学者对其进行研究。

泵系统优化调度的研究是以运筹学为理论基础的,利用现代的计算技术和最优化方法,寻求满足调度原则的最优调度方式或方案。因此,对于泵系统优化调度的研究主要包括两个方面:计算技术、优化方法的研究(优化调度算法)和调度原则的研究(调度模型)。

(1)优化调度算法的研究

目前,国内外学者的研究主要集中在对各种优化调度算法的改进和发展上,即提高理论上的完善性,使得优化调度在实际中更容易实现。

国外采用的水泵优化调度方法比较多,先后出现了线性规划法、混合整数线性规划法、动态规划算法、适应性搜索最优化方法等。随着计算机技术的发展,计算能力的提高,人工智能优化算法开始走入人们的视线,并在此基础上形成了很多适应于不同调度模型的计算方法,如遗传算法、模拟退火算法、粒子群算法、蚁群算法、多目标进化算法、人工神经网络算法等,其中遗传算法尤为突出[43]。

国内对水泵调度当中所应用的优化调度方法的研究起步较晚,但发展却十分迅速,目前也形成了与国外相似的优化体系,同时也提出了很多有建设性的方法(如刘超[44]在1994年提出的微分法等),并且也形成了以人工智能为基础的优化算法体系[45]。

总的来说,对泵优化调度的算法研究在理论和方法上已较为成熟,并且随着计算机科学的发展,将会有更多的优化算法应用于泵优化调度中,能够求解更加复杂的泵调度问题。

(2) 优化调度模型的研究

优化调度主要是研究泵系统科学管理的优化技术和调度决策,即在一定时期内,按照一定的最优准则,在满足各种约束条件的前提下,使泵站运行的目标函数达到最大或最小。水泵是一个复杂的系统,关系到社会、经济、环境、资源、政策等多方面的因素,在优化调度当中应考虑许多问题,因此存在不同的运行要求和优化目标,而调度模型就是这些要求的集中体现。

由于工作的对象不同,调度模型主要应用于两个方面:

一方面,根据供水管网系统中的监测仪器所获得的系统实际运行状况,确定今后一个调度周期中各时间区间内各种调节装置的运行状况,且主要用于工作进度的计划。

另一方面,它主要是用于实时控制,即要求在短时间内,对需求优化目标提供调节控制方案,需要具体到每个水泵应该处于何种运行状态。

两种类型的模型在实际工作中都具有一定的意义,但随着自动化在泵系统中的广泛应用,使得第二种类型的调度模型成为主要的研究对象。

根据建模的方法,调度模型又可分为两种[45-47]:

一种是最小能耗法,在实时控制中又称为轴功率法,在工作安排进度中表现为周期耗电量。对于能耗法,通常取目标函数为水泵的轴功率或周期耗电量,同时以给水指标和水泵高效工作区作为约束条件,使能耗最低。这种模型容易理解,并且能够准确地反映实际情况。此类模型属于复杂的、有约束非线性规划问题,由于连续变量与离散变量的综合作用,以及水泵模型的多变量耦合、强非线性特征的影响,使得其求解问题会比较困难,因此有很多的研究都是针对这类模型求解的。但随着计算技术的发展,计算机水平的提高,人工智能的广泛应用,这种模型将成为主流模型。

由于最小能耗法求解困难,Cohen[48]提出了另一种建模方法,即流量偏差建模方法。该模型约束条件少,求解简便,在后续的发展中,经过一些专家学者的修改,更具有了一定的实际意义,但总体上与实际工况差别较大,且该模型所具有的优势在逐渐消失。

按照目标数量划分,优化模型分为单目标模型和多目标模型。在优化调度研究发展的中期,由于计算能力、建模水平、认识水平的局限等原因,早期主要以最小能耗为单目标函数,也有少量的模型采用最小流量偏差为目标函数,而随着系统观念的深入、多目标需求的形成、计算能力的提高,多目标模型开始出现并应用于实际。自 1994 年,Mays[49] 和 Lansey 等[50,51]将运行调节中的切换次数作为影响水泵维护费用和运行控制复杂程度的重要因素引入目标函数中。通过应用此种优化模型,在一个工程实际中可每年节约近200 万美金。随着人们对供水系统稳定性的要求越来越高,最小蓄水池水位的变化(reservoir level variation)、最小功率尖峰(power peaks)等目标也成为调度优化目标。

随着人们节能观念的改变,传统的提高机组(系统)运行效率已并非泵节能的全部内容,泵节能还应该包括环境保护、提高泵机组可靠性等。而随着美国水力协会 PSM 计划[3]的执行,根据泵系统的寿命周期成本(LCC)分析来选择和购买水泵的观点已经成为主流,通过提高泵系统的运行效率和可靠性来节约能源和降低维护成本成为今后的主要工作目标。

水泵在运行过程中,通过对运行工况的优化,不但可以提高机组的运行效率,还能在一定程度上减振、降噪、减少不利工况的出现。Bloch 等[8]、Erickson 等[9] 和 Stavale[10] 指出可通过降低水泵机组振级来降低维护费用,同时也用试验证明,水泵振级与水泵转速、运行工况等运行因素有关。Alfayez 等[52,53] 和冯涛[54] 指出,水泵及其系统的噪声级与水泵的工况、转速有关。可通过优化控制运行,降低噪声的声级;各种水泵使用手册上也指出,水泵运行在高效区也可以延长其使用寿命,提高其可靠性。

目前主要以水泵的开关次数来衡量水泵的损耗,进而间接表示水泵的维护费用,因此若要减少水泵的维护费用,则需要减少各水泵的开关次数。但这种结论只考虑了宏观量化,缺少微观量化,难以满足新形势下节能运行的要求,对环境优化的目标几乎没有实现,并且对水泵的可靠性或维护费用的表示也存在一定的局限。

1.2.4　水泵控制系统的研究现状及分析

水泵控制系统主要由过程控制系统和启停控制系统构成。水泵控制系统优化运行过程如图 1.2 所示。过程控制通过变频器自动调节水泵转速,使系统能够满足供水需求。启停控制主要是对水泵的启停进行调节控制,实现泵机组软启动及无冲击切换,使水压平稳过渡。

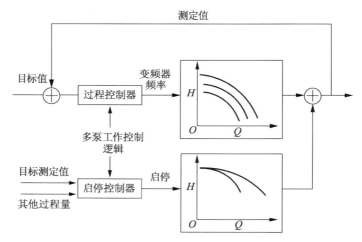

图 1.2 水泵控制系统优化运行过程

（1）过程控制的研究

过程控制的研究主要集中在供水控制模型特性及其辨识和控制器的设计方面。

在供水控制模型方面,1996 年,Peric 等[37]对供水模型进行了研究,试验中使用阶跃辨识法,并采用了二阶的转移函数进行线性化近似。1998 年,他使用理论方法建立了供水系统的数学模型[39],同时指出供水模型是个复杂的、非线性的、大滞后的系统,小偏差时可通过线性过程模型对供水系统进行近似。2002 年,Boris 等[40]对 Peric 所建立的模型进行了一定的修正和仿真,通过一阶线性过程化模型对供水系统进行了预测控制,并取得了较好的效果。

大量的文献表明,供水系统尽管是个非线性、大时滞的模型,但当调节量较小时可用线性过程模型近似。因此,在变频恒压供水系统中,几乎都是以线性过程模型为基础进行控制器设计的[55]。而与恒压供水方式相比,在相同的流量调节下,变压供水的调节量更大,因此仍以线性过程模型为基础进行变压供水系统控制器设计,其可行性还需进一步研究。

在控制器的设计方面,目前在泵系统中,PID 控制[56]、自适应控制[57,58]、最优控制[59]、自适应模糊控制[60−63]等一系列控制方法均有应用。尽管形成了多种控制方法,但就这些具体方法对水泵系统的适应性及通用的程度研究却较少。

（2）启停控制的研究

在水泵的运行调节中,启停调节是多泵系统的一种主要调节方式。理论上,在优化配置的基础上,只通过启停调节就能实现优化节能运行,但直接启停系统,一方面会对交流异步电机产生电流冲击,从而对电网和电机的寿命不利,而且它所带来的转矩波动也会影响水泵的寿命;另一方面,直接启停也会形成巨大的压力波动,从而形成水击现象,直接造成设备的损坏。因此,有很多启停就直接采用冷切换,但这种方式只能用于间断工作的负载,对于需要连续工作的负载没有作用。随着技术的发展,软启动设备开始出现在一些大型的泵站中,但这种软启动器只能实现水泵的安全切换,自动化程度低,不适用于切换的自动控制。变频器的出现解决了这样的问题。对于全变频的水泵系统而言,启停控制变成了非常简单的事。但在实际中,由于变频器设备昂贵,大多使用变频设备的水泵系统主要采用的是单变频或双变频配置,即除了存在变频驱动,还存在电网的工频驱动。变频和工频的直接切换会不可避免地产生较大的电流冲击和转矩冲击,导致供电系统跳闸和设备的损坏。基于此种情况,目前对于多泵的切换控制主要集中在"一拖多"的同步切换控制上。

在解决"一拖多"同步切换的问题上,主要是采用锁相控制来实现,即通过完成两个频率信号相位同步的负反馈自动控制实现变频和工频的切换。这种方式几乎没有电流冲击,效果较好,并且在工程中已经开始应用。

国内虽然形成了这样的技术,但在使用上却未能与优化调度相结合,只是在一些恒压供水系统中,用于当供水量不足时启动水泵,水量过大时关停水泵。在启停水泵的选择上,大多是以工作时长选择,几乎没有考虑到优化调度的问题,这样就可能造成多余的能量损失。因此,对控制系统而言,需要就如何实现优化调度做些相应的研究。

从优化调度的角度,在建立优化模型时,通常也认为调速泵是固定的,不可更改的。而实际应用中要实现泵供电电源的选择,可通过实时调节,实现变速泵与定速泵的切换,这些也没能在调度中体现。这样就会直接造成在调度时,仍有一定的调节可能没有考虑,且对调度模型求解时,求得的结果可能未必是最优解。因此,在优化调度和运行控制的协调上,仍需要进行一定的研究。

1.3 水泵系统优化配置的研究及进展

水泵系统的配置和运行方式是水泵设计和管理中两个最重要的课题,两者密切相关,互为制约。配置是根据泵系统的工况需求并结合日后可能的运行方式来确定水泵的型号和数量,而运行方式则是在已选泵的基础上通过对水泵的运行控制来满足实际工况的要求[64]。

目前,大量的有关优化控制策略的研究主要是在已有的系统上进行考虑,而不考虑泵系统建设时的优化配置问题。从工程顺序的角度来看,这是一种亡羊补牢的做法。而事实上,泵系统的配置对优化控制的作用是至关重要的,一方面它决定了优化控制策略能否实现,另一方面它决定了优化控制策略能否取得最佳的效果[65-67]。虽如此,但有关优化配置的研究成果也是值得肯定的。目前,泵的选择主要分为两步:第一步是寻找能够满足系统需求的水泵台数和型号,并且还要将水泵变速和切割叶轮考虑进来;第二步是在第一步的基础上考虑经济性问题,其中运行费用和设备购置费用是主要考虑因素。现有一系列专业选型系统软件基本上实现了通过对水泵台数和型号的选择来满足水泵的工作要求。还有一些专家通过一些优化算法,将水泵变速和切割叶轮等因素考虑进去,进一步在满足需求的基础上,实现按设计工况运行时的最小运行费用。

在工程应用中,出于对工程可靠性的考虑,选泵的第一步配置选型是主要考虑因素,而且通常将不利工况作为设计工况来选泵,这样可能会造成配置上的"大马拉小车"现象[68],因此出现了考虑不利工况和设计工况的两点选泵[65]、三点选泵[69]等方法来改善这一现象。

相较于第一步,在第一步的基础上进行优选的第二步的发展相对滞后。由于过去对经济性认识不足,主要是将设备的购置费用作为主要的考虑因素[70,71],而忽视了真正占大部分的运行费用。随着节能观念的深入,旧有观念在发生转变,运行费用开始成为选泵的主要考虑因素。但在考虑经济的运行费用时,却存在一些局限性:一方面,在计算能耗费用时通常以设计点作为参考,而实际上水泵的工况是连续变化的,只以某个工况为参考而选出的方案具有一定的局限性[72,73];另一方面,只考虑了设计工况,而对于非设计工况是否也能节能运行却很少涉及[74,75]。正因如此,可能会导致在后续的优化节能控制中,出现某些工况不能实现节能运行,或实现节能运行时所需的工艺较为复杂、昂贵等情况。因此,在对泵系统进行优化配置时,除了要考虑特定工况,对一些其他的工况也应该综合考虑[76,77]。

目前,有些国内学者在取水泵站的能耗分析和选型中使用水位和流量需求的概率分布来考虑其他非特定工况,但是该方法需要大量的统计数据,对一般的水泵系统而言,通用性差。而国外在选泵时,尽可能地选择运行工况在高效区的水泵,这样在一定程度上提高了在运行控制中实现节能运行的可能性,但在分析经济性时,却很少考虑非特定工况。因此需要形成一种较为通用的能够考虑非特定工况的选型方法。

1.4　本书主要内容

本书主要研究的是离心泵系统节能运行理论与关键技术,具体分为以下6个部分:

① 离心泵及其系统主要运行调节原理。主要介绍离心泵基础知识,泵的能量及其运行调节特性,泵装置调节运行特性及其理论。

② 离心泵系统优化供给策略研究。主要介绍系统节能的原理,具体内容为基于系统能量关系下的系统需求计算及预测。

③ 泵系统优化运行控制。主要介绍调度控制,变频调速控制的控制模型,控制系统的设计。

④ 泵系统优化配置。主要介绍泵优化选型的方法及其计算模型,管路系统的设计优化计算,以及考虑运行控制及系统需求的系统配置方法。

⑤ 在线能耗测试分析。主要介绍系统在线能耗测试基础,并以笔者现在开发的系统为案例介绍在线测试系统的组成及系统能耗计算分析的方法。

⑥ 以两个工程改造案例介绍节能改造的分析及其过程。

② 离心泵及其系统基础

2.1 离心泵基础[78]

泵是以液体作为工作介质进行能量转换的一种机械,是依靠液体和机械之间的相互作用而工作的。从传递能量来看,液体通过泵时所具有的能量将发生变化,即液体的能量与机械运动的能量发生转换。因此,泵又可认为是一种能量转换器。具体来说,泵就是把原动机的机械能转换成所输送液体能量的机械。泵能增加液体的位能、压能、动能。简而言之,原动机通过泵轴带动叶轮旋转,对液体做功,使其能量增加,从而使一定体积的液体由吸水池经泵的过流部件输送到所要求的高处或高压的地方。

泵是一种通用机械,广泛地应用于国民经济各个领域,凡是有液体流动的地方几乎都有泵在工作,如农田灌溉、城市给排水、矿山、石油、化工、电力、纺织、机械、土木建筑、能源、交通、水利、航运、冶炼、造船、航空航天技术等。在火电厂有高压锅炉给水泵、冷热水循环泵、水力清渣除灰高压泵;在矿山中的井底排水、矿床地表疏干、水力采煤及输送等都需通过水泵及水泵站完成;石油的开采和管道输送、化工产品浆液的移送等也都需要用泵提升、增压。此外,在原子能工业等部门中,还需用到输送带有腐蚀性的液体与金属及非金属液体的特殊泵。

2.1.1 泵的分类

泵的种类很多,结构各异,可按其作用原理分为三大类:叶片式泵、容积式泵和其他类型泵。

(1)叶片式泵

利用装有叶片的叶轮高速旋转,将机械能转换为液体的动能与压能而工作的泵,称为叶片式泵。根据被抽送液体流出叶轮的方向,叶片式泵的叶轮可分为离心式、轴流式和混流式三种类型,如图 2.1 所示。

由于叶片式泵效率较高、启动方便、性能可靠,而且流量、扬程适用范围较大,因此在工程实际中得到了广泛应用。

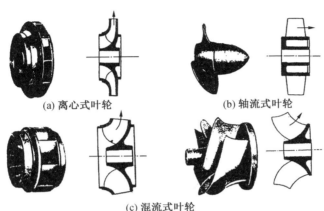

(a) 离心式叶轮　　　　　(b) 轴流式叶轮

(c) 混流式叶轮

图 2.1　叶片式泵的三种叶轮类型

（2）容积式泵

容积式泵在运转时,机械内部的工作容积不断发生变化,对液体产生挤压,增加液体的压能,从而吸入或排出液体。按结构的不同,容积式泵又可分为以下两种形式:

① 往复式。这种机械借助于活塞在缸体内的往复作用使缸内容积反复变化,以吸入或排出液体。

② 回转式。机壳内的转子或转动部件旋转时,转子与机壳之间的工作容积发生变化,借以吸入或排出液体。

以上各类泵的适用范围如图 2.2 所示。由图可以看出,离心泵所占的区域最大,适用流量为 $5\sim25\ 000\ \mathrm{m^3/h}$,适用扬程为 $8\sim3\ 000\ \mathrm{m}$。

（3）其他类型泵

射流泵是利用流体(液体或气体)来传递能量的泵;螺旋泵是利用螺旋推进原理来提高液体的位能,而将液体提升的泵;气升泵是以压缩空气为动力来提升液体的泵;水锤泵是利用管道中产生水锤压力进行提水的泵;等等。

这些特殊泵在工程实际中用来输送水或药剂(混凝剂、消毒剂等),常常起到良好的效果。

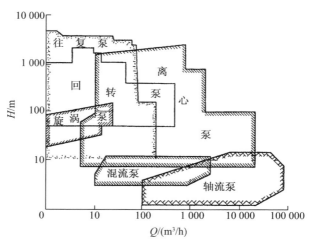

图 2.2 各种泵的适用范围

泵的详细分类情况见表 2.1。

表 2.1 泵的详细分类

泵的类型		详细分类
叶片式泵	离心泵	单级(单吸、双吸、自吸、非自吸) 多级(节段式、蜗壳式)
	混流泵	蜗壳泵、导叶式(固定叶片、可调叶片)
	轴流泵	固定叶片、可调叶片
容积式泵	往复泵	(活塞式、柱塞式)蒸汽双作用(单缸、双缸) 电动往复式——单作用、双作用(单缸、多缸)
	回转泵	螺杆式(单、双、三螺杆);齿轮式(内啮合、外啮合); 环流活塞(内环流、外环流);滑片式;凸轮式; 轴向柱塞式;径向柱塞式
其他类型泵		射流泵、螺旋泵、气升泵、水锤泵、电磁泵、水轮泵等

2.1.2 泵的性能参数

(1)流量

泵的流量有体积流量和质量流量之分。

① 体积流量。泵在单位时间内所抽送的液体体积,即从泵的出口截面所排出的液体体积。体积流量一般用 Q 表示,常用单位有 m³/s,L/s,m³/h。

② 质量流量。泵在单位时间内所抽送的液体质量。质量流量一般用 Q_m 表示,常用单位有 kg/s 和 t/h。

通常所说的泵的流量是指体积流量。

（2）扬程

泵的扬程是指单位质量的液体流过泵后其能量的增值,即泵出口处单位质量液体的机械能 E_d 减去泵进口处单位质量液体的机械能 E_s。扬程用 H 表示,因此 $H = E_d - E_s$,即抽送液体的液柱高度,单位为 m。

泵的扬程表征泵本身的性能,只与泵进、出口处液体的能量有关,而与泵装置没有直接关系,但是应用能量方程,可将泵装置中液体的能量表示为泵的扬程。

（3）转速

泵的转速是泵转子在单位时间内的转数。泵的转速用 n 表示,单位为 r/min 或 r/s;转速也可用转子的回转角速度 ω 表示,单位为 rad/s。

（4）功率和效率

泵的功率通常是指泵的输入功率,即原动机传递给泵的功率,因这种功率是通过泵轴传递给泵的,故又称轴功率,用 P 表示。

除输入功率外,还有输出功率。输出功率是指液体通过泵时由泵传递给液体的有效功率,即单位时间内从泵中输送出去的液体在泵中获得的有效能量,也称水功率,用 P_e 表示。

因为扬程是泵输出单位质量液体从泵中获得的有效能量,所以扬程和质量流量及重力加速度的乘积,就是单位时间内从泵中输出液体获得的有效功率,即

$$P_e = HQ_m g = \rho g Q H (\text{W}) \tag{2-1}$$

式中：ρ 为液体的密度,kg/m³;g 为重力加速度,m/s²;Q_m 为泵的质量流量,m³/s;H 为泵的扬程,m。

输入功率和输出功率是不相等的,因为泵内有功率损失,损失的功率大小常用泵的效率来衡量。效率用 η 表示,水泵的效率是泵的输出功率与输入功率之比,即

$$\eta = \frac{P_e}{P} \tag{2-2}$$

（5）比转数

泵的相似定律建立了几何相似的泵在相似工况下性能参数之间的关系。但是用相似定律来判断泵是否几何相似和运动相似,既不直观,也不方便。因此在相似定律的基础上,希望有一个判别数,它是一系列几何相似泵性能

之间的综合数据。如果各个泵的这个数据相等,则这些泵是几何相似和运动相似的,为此可用相似定律来换算各泵性能之间的关系。这个判别数就是比转数,也称为比转速或比速,用 n_s 表示,即

$$n_s = \frac{3.65 n \sqrt{Q}}{H^{3/4}} \tag{2-3}$$

式中:n 为转速,r/min;H 为扬程,对多级泵取单级扬程,m;Q 为流量,对双吸泵取 $Q/2$,m^3/s。

另外,各国所用的比转数有的无常数,流量 Q、扬程 H 的单位也不相同,因而对同一相似泵算得的 n_s 的数值也不同。在比较时,应换算为使用相同单位下的数值,其换算关系如下:

$$n_{s中} = \frac{n_{s美}}{14.16} = \frac{n_{s英}}{12.89} = \frac{n_{s日}}{2.12} = 3.65 n_{s德} \tag{2-4}$$

因为比转数是由泵参数组成的一个综合参数,是泵相似的准则,其与泵的几何形状密切相关,所以可按比转数对泵进行分类。另外,泵的特性曲线是泵内液体运动参数的外部表现形式,而泵内的运动与泵的几何形状有关,所以泵的性能曲线与泵的几何形状也有密切的关系,具体见表 2.2。

① 按比转数从小到大可分为离心泵、混流泵、轴流泵。

② 低比转数泵因流量小、扬程高,故低比转数泵叶轮窄而长,常用圆柱形叶片,有时为提高泵的效率而采用扭曲叶片;高比转数泵因流量大、扬程低,故高比转数泵叶轮宽而短,常用扭曲叶片;叶轮出口直径与进口直径的比值 D_2/D_j 随 n_s 增加而减小。

③ 低比转数泵的扬程曲线容易出现驼峰;高比转数的混流泵、轴流泵关死扬程高,且曲线上有拐点。

④ 低比转数泵零流量时功率小,故低比转数泵采用关阀启动;高比转数泵零流量时功率大,故高比转数泵采用开阀启动。

2.1.3 离心泵的结构

叶片式泵的主要过流部件有叶轮、吸水室、压水室(包括径向导叶和空间导叶)等。

(1) 叶轮

叶轮是泵的重要工作部件,它的形状、尺寸、加工工艺等对泵性能有决定性的影响。它的作用是把原动机输入的能量传给液体。单吸、双吸式离心泵叶轮分别如图 2.3 和图 2.4 所示。

表 2.2　各种不同比转数泵的典型特点

泵的类型	离心泵			混流泵	轴流泵
	低比转数	中比转数	高比转数		
比转数	$30 < n_s < 80$	$80 < n_s < 150$	$150 < n_s < 300$	$300 < n_s < 500$	$500 < n_s < 1\,500$
叶轮形状					
$\dfrac{D_2}{D_j}$	≈ 3	≈ 2.3	$1.4 \sim 1.8$	$1.1 \sim 1.2$	≈ 1
叶片形状	圆柱形	入口处扭曲叶片,出口处圆柱形	扭曲叶片	扭曲叶片	翼形
特性曲线					
流量-扬程曲线特点	关死扬程为设计工况的 $1.1 \sim 1.3$ 倍;扬程随着流量减少而增加,变化缓慢			关死扬程为设计工况的 $1.5 \sim 1.8$ 倍;扬程随流量减少而增加,变化较急剧	关死扬程为设计工况的 2 倍左右,在小流量处出现马鞍形
流量-功率曲线特点	关死功率较小,轴功率随流量增加而增大			流量变化时,轴功率变化较小	关死点功率最大,设计工况附近变化比较小,以后轴功率随流量增大而减小
流量-效率曲线特点	比较平坦			比轴流泵平坦	急速上升后又急速下降

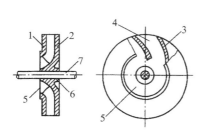 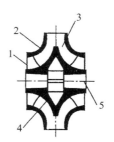

1—前盖板；2—后盖板；3—叶片；
4—流道；5—吸入口；6—轮毂；7—泵轴
图 2.3　单吸式叶轮

1—吸入口；2—盖板；3—叶片；
4—轮毂；5—轴孔
图 2.4　双吸式叶轮

离心泵叶轮主要有三种结构形式（见图 2.5）：有前后盖板的称为闭式叶轮；仅有后盖板的称为半开式叶轮；无前后盖板的称为开式叶轮。另外，叶片的结构形式也可分为圆柱形叶片和扭曲叶片两种，如图 2.5d，e 所示。

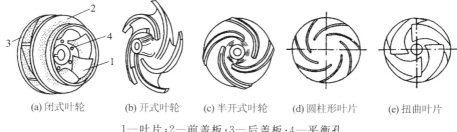

(a) 闭式叶轮　　(b) 开式叶轮　　(c) 半开式叶轮　　(d) 圆柱形叶片　　(e) 扭曲叶片

1—叶片；2—前盖板；3—后盖板；4—平衡孔
图 2.5　离心泵叶轮与叶片的结构形式

一般闭式叶轮有 2～12 个后弯式叶片，具有较高的运行效率；半开式与开式叶轮叶片数较少，一般为 2～5 个，大多用于抽送浆粒状液体或污水，如污水泵的叶轮。

叶轮材料要有足够的机械强度，并有一定的耐磨耐腐蚀性。根据输送介质的要求，目前叶轮通常采用铸铁、铸钢、不锈钢或青铜等材料制成。

（2）吸水室

吸水室位于叶轮前面，其作用是把液体引向叶轮。吸水室通常有三种类型：直锥形、弯管形和螺旋形，如图 2.6 所示。

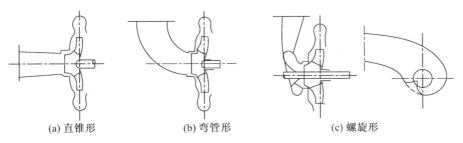

(a) 直锥形　　　　(b) 弯管形　　　　(c) 螺旋形

图 2.6　吸水室的类型

（3）压水室

压水室位于叶轮外围，有时也称泵体，其作用是收集从叶轮中流出的液体，并将大部分动能转化为压能，然后送入排出管，如图 2.7 所示。

吸水室和压水室的材料应具有足够的机械强度、耐磨和耐腐蚀性，一般采用铸铁、铸钢或不锈钢铸造。

(a) 径向导叶　　(b) 空间导叶　　(c) 螺旋形压水室　　(d) 环形压水室

1—叶轮；2—蜗室；3—扩散管

图 2.7　压水室的类型

2.2　离心泵能量及其运行特性[79]

2.2.1　离心泵的基本能量特性

用以描述离心泵性能的参数主要有：扬程 H、流量 Q、转速 n、功率 P、效率 η 和允许吸上真空度 $[H_s]$ 或允许汽蚀余量 $[\Delta h]$。

这些性能参数标志着水泵的性能。水泵各个性能参数之间的关系和变化规律，可以通过一组性能曲线来表达。对每一台水泵而言，当水泵转速为一定值时，通过试验的方法，可以绘制出相应的一组性能曲线，即水泵的基本性能曲线。若其中的一个性能参数（如流量）变化，则其他几个性能参数也随之变化。在绘制水泵性能曲线时，一般以流量 Q 为横坐标，以 $H, P, \eta, [H_s]$

或[Δh]为纵坐标,即可绘制性能曲线。

离心泵简化的理论扬程公式为

$$H_{t\infty} = \frac{u_2 v_{u2}}{g}$$

将

$$v_{u2} = u_2 - v_{m2}\cot\beta_2 = u_2 - \frac{Q_t}{F_2}\cot\beta_2$$

代入,可得

$$H_{t\infty} = \frac{u_2}{g}\left(u_2 - \frac{Q_t}{F_2}\cot\beta_2\right) \tag{2-5}$$

式中:Q_t 为泵理论流量,即不考虑泵体内容积损失的水泵流量,$\mathrm{m^3/s}$;F_2 为叶轮的出口有效过流面积,$\mathrm{m^2}$;v_{m2} 为叶轮出口处水流绝对速度的径向分速,$\mathrm{m/s}$。

对于既定的泵,在一定转速下 u_2,F_2,β_2 是固定不变的,故 $H_{t\infty}$ 和 Q_t 是一次方程的关系。泵的出口角 β_2 通常小于 $90°$,$\cot\beta_2$ 为正值,因此 $H_{t\infty}$ 随流量的增大而减小。

当 $H_{t\infty}=0$ 时,$Q_t=u_2F_2/\cot\beta_2$;当 $Q_t=0$ 时,$H_{t\infty}=u_2^2/g$。

如图 2.8 所示,实际工作中还需考虑多种因素。

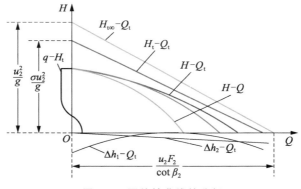

图 2.8　泵特性曲线的分析

（1）考虑有限叶片数影响

$$H_t = \frac{u_2}{g}\left(\sigma u_2 - \frac{Q_t}{F_2}\cot\beta_2\right)$$

此时水泵的基本性能曲线仍为直线。

当 $H_t=0$ 时,$Q_t=\sigma u_2F_2/\cot\beta_2$;当 $Q_t=0$ 时,$H_t=\sigma u_2^2/g$。

（2）考虑离心泵内部的水头损失

① 摩阻损失 Δh_1。在吸水室、叶槽和压水室会产生摩阻损失，其中包括转弯处的弯道损失和由流速头转化为压头时的损失，可表示为

$$\Delta h_1 = k_1 Q_t^2$$

式中：k_1 为比例系数。

② 冲击损失 Δh_2。水泵在设计工况下运行时，可认为基本上没有冲击损失。当流量不同于设计流量时，在叶轮的进口处和压水室等处会发生冲击现象，并且流量与设计值相差越远，冲击损失也越大，其值为

$$\Delta h_2 = k_2 (Q_t - Q)^2$$

式中：k_2 为比例系数。

（3）考虑容积损失

水泵在工作过程中存在泄漏和回流问题，也就是说，水泵的出水量总要比通过叶轮的流量小，即 $Q = Q_t - q$。式中的 q 就是泄漏量，它是能量损失的一种，称为容积损失。泄漏量 q 与扬程 H 有关。

对应 H_t-Q_t 曲线，可求得输入水力功率 $P' = \rho g Q_t H_t$，轴功率为

$$P = P' + P_m$$

机械损失功率 P_m 可以认为与流量无关，是一常数值。在 P'-Q_t 曲线的纵坐标上加上 P_m，即得 P-Q_t 曲线。与流量-扬程曲线类似，假设已知 q-Q_t 曲线，在 P-Q_t 曲线横坐标中减去对应 H_t 得到 q 值，得到 P-Q 曲线，即为轴功率与实际流量的关系曲线。

已知 H-Q 曲线和 P-Q 曲线，可求得各对应流量下的效率值 η。效率值计算公式为

$$\eta = \frac{P_e}{P} = \frac{\rho g Q H}{P}$$

功率和效率曲线分析如图 2.9 所示。

由于水泵各物理量之间存在严重的非线性和耦合特性，目前尚无很好的方法可以推导出水泵的实际特性方程，因而常使用试验数据进行曲线拟合求得。如图 2.8 所示，水泵特性方程可通过一个二次方的多项式拟合得出；如图 2.9 所示，泵功率特性曲线方程可通过一个三次方的多项式拟合得出。

利用最小二乘法可拟合出 Q-H，Q-P，Q-η 曲线方程，为

$$H = a_0 + a_1 Q + a_2 Q^2 \tag{2-6}$$

$$P = b_0 + b_1 Q + b_2 Q^2 + b_3 Q^3 \tag{2-7}$$

$$\eta = c_0 + c_1 Q + c_2 Q^2 + c_3 Q^3 \tag{2-8}$$

式中：a_0，a_1，a_2，b_0，b_1，b_2，b_3，c_0，c_1，c_2，c_3 为拟合系数。

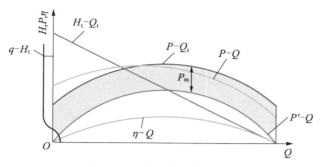

图 2.9 功率和效率曲线分析

2.2.2 离心泵的运行调节特性

（1）泵本身特性调节

对于一个特定的离心泵而言，其特性是不变的，但在使用中，可能需要改变特性以减少运行损失。

若用户要求的性能低于已有泵的性能，或泵出厂试验结果流量、扬程偏高以及同一台泵为提高产品的通用性装备了几种不同直径的叶轮，则可以采用切割叶轮外径的方法解决。切割后特性曲线向下移动，相似工况可通过切割抛物线计算，并且在一定的切割下，可认为切割前后相应点的效率相等。

对于半开式的水泵，可通过改变叶轮前缘壳体的间隙来改变泵的特性。间隙增加时，泵的流量减小，而且由于叶片工作面和背面压差减小，泵扬程降低，轴功率和效率也相应降低。

对于转叶式轴流泵和混流泵，可以通过改变叶片的安放角度、前置导叶叶片角度来改变泵的特性曲线。

但对于普通的离心泵，主要以改变泵转速为主。通过变频调节改变泵转速可以方便地实现调节控制。因此，本书主要讨论这种方法。

转速调节法的原理如下：

在一定的转速范围内，水泵的性能遵循比例定律，即

$$\frac{Q_1}{Q_2} = \frac{n_1}{n_2} \tag{2-9}$$

$$\frac{H_1}{H_2} = \left(\frac{n_1}{n_2}\right)^2 \tag{2-10}$$

$$\frac{P_1}{P_2} = \left(\frac{n_1}{n_2}\right)^3 \tag{2-11}$$

式中：n_1，n_2 为水泵的转速，r/min；Q_1，Q_2 分别为转速在 n_1，n_2 时所对应的泵

流量，m³/s；H_1，H_2分别为转速在n_1，n_2时所对应的泵扬程，m；P_1，P_2分别为转速在n_1，n_2时所对应的泵轴功率，kW。

由上式可知，变速前后流量、扬程、轴功率之比分别等于变速比的一次方、二次方和三次方，因此可作出相似抛物线，它是变速前后工况的连线，如图 2.10 所示。图中的H_{opt}为最高效率点扬程，P_{opt}为最高效率点功率。由式（2-10）和式（2-11）可得

$$\frac{H_2}{Q_2^2} = \frac{H_1}{Q_1^2} = \cdots = K, \ H = KQ^2 \tag{2-12}$$

因为相似抛物线上各点的K值相等，若已知某一转速上任一点的H，Q，则可求K值；再给定不同的Q，可得到对应的H，即可作出相似抛物线。

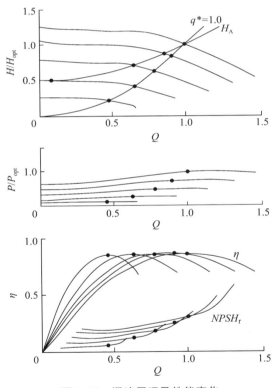

图 2.10　调速原理及性能变化

根据比例定律，水泵变频调速运行的特性方程为

$$H = a_0 k^2 + a_1 k Q + a_2 Q^2 \tag{2-13}$$

$$P = b_0 k^3 + b_1 k^2 Q + b_2 k Q^2 + b_3 Q^3 \tag{2-14}$$

式中:$k=n/n_0$,为水泵调速比。

(2) 泵组性能变化

泵系统中,在解决水量、水压的供求矛盾时,常常设置多台泵联合工作,通过对泵组中水泵的启停来调节整个泵组的特性,以满足不同的需求。

① 水泵并联运行。在多泵联合运行中,通过联络管共同向管网或高地水池供水的情况,称为并联工作。并联泵可以增加供水量,输水管中的流量等于各台并联泵出水量之总和;可以通过启停泵的台数来调节泵系统的流量和扬程,以达到节能和安全供水的目的;当并联工作的泵中有一台损坏时,其他几台泵仍可继续供水,大大提高了泵系统运行调度的灵活性和供水的可靠性。并联运行是一种最常见的运行方式。

在绘制泵并联运行特性曲线(见图 2.11)时,先把并联的各台泵 Q-H 曲线绘制在同一坐标图中,然后把对应于同一 H 值的各个流量相加即可。

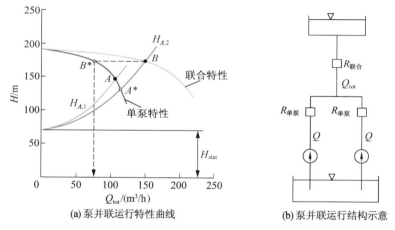

(a) 泵并联运行特性曲线　　**(b) 泵并联运行结构示意**

图 2.11　泵并联运行特性

② 水泵串联运行。串联工作就是将第一台泵的压水管作为第二台泵的吸水管;水由第一台泵压入第二台泵;水以同一流量,依次流过各台泵。在串联工作中,水流获得的能量为各台泵所供给的能量之和。由此可见,如图 2.12 所示,各泵串联工作时,其总和 Q-H 性能曲线等于同一流量下扬程的叠加,只要把参加串联的泵 Q-H 曲线上横坐标相等的各点纵坐标相加,即可得到总和 Q-H 曲线。

多级泵,实质上就是 n 级泵的串联运行。随着泵制造工艺的提高,目前生产的各种型号泵的扬程基本上已能满足一般工程的需要。当多泵串联时,小泵可能会被迫在大流量下运行,电机易过载,而且在应用中还需要考虑后级泵的泵体强度问题,因此,目前很少采用串联工作的形式。

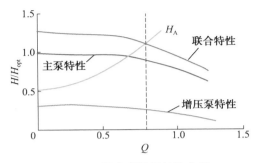

图 2.12 泵串联运行特性曲线

2.3 离心泵系统装置特性

2.3.1 水泵装置及装置的特性曲线

水泵装置是水泵和管路上的附件。图 2.13 所示是一个简单的水泵装置示意图。

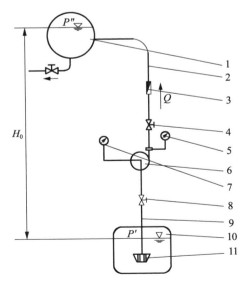

1—压水池;2—压出管路;3—流量计;4—调节阀;5—压强计;6—水泵;
7—真空压强计;8—修理阀;9—吸入管路;10—吸水池;11—底阀

图 2.13 水泵的装置示意图

　　水泵装置有自身的装置特性曲线,即装置扬程与管路中流量的关系曲线。管路中的流量是单位时间内流过的液体体积;装置扬程的定义为,在水泵装置中,把单位质量的液体自吸水池液体表面移至压水池液体表面所需做的功。装置扬程以 H_s 表示,其单位为液柱高度的单位 m。

　　装置扬程 H_s 应为以下两部分之和[78]:

　　① 单位质量液体增加的能量。其又分为:

　　a. 位能的增加 H_0。

　　b. 压能的增加 $\dfrac{p'' - p'}{\rho g}$。其中,p'' 为压水池表面压力;p' 为吸水池表面压力。

　　② 液体自吸水池表面至压水池表面途中各种水力损失的总和 $\sum h$。它包括管路的进口损失、管路中的水力摩擦阻力损失与局部阻力损失、管路附件(各种阀门等)中的水力损失、管路出口损失等。水力损失总和可表示为

$$\sum h = \sum \xi \frac{V^2}{2g} = KQ^2$$

式中:K 为阻力损失系数,与管路中的阻力有关。

　　于是,装置扬程 H_s 可写成

$$H_s = H_0 + \frac{p'' - p'}{\rho g} + KQ^2 \tag{2-15}$$

式(2-15)是装置扬程公式,也就是装置特性曲线的公式。对于水泵装置来讲,$H_0 + \dfrac{p'' - p'}{\rho g}$ 是不随流量改变的,被称为装置静扬程。则由式(2-15)可知,装置特性曲线是一条抛物线,如图 2.14 所示。

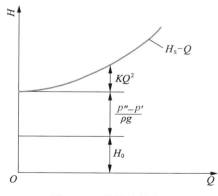

图 2.14　装置特性曲线

2.3.2 装置特性曲线的调节

由式(2-15)可知,装置特性曲线的改变可通过改变 K 值或装置静扬程实现。

（1）调节阀调节

① 泵的出口管路上安装调节阀

调整调节阀的开度会改变阻力损失系数 K,从而改变阻力曲线。图 2.15 中的 R_1 表示调节阀门全开时的阻力曲线,不改变调节阀的开度,这条曲线的形状是不会变的。关小调节阀时,阻力曲线向左移动,如 R_2 曲线。图中 h_1 和 h_2 是管路阻力损失。当阻力曲线为 R_2 时,调节阀本身造成的节流损失为 h_3。

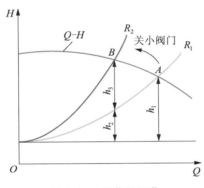

图 2.15 调节阀调节

② 在旁路安装节流阀

在有些轴功率随流量增加而减小的泵系统中,可能会使用旁路分流调节来代替出口管路上的节流调节,即在泵出口设有旁路与吸水池相连通。旁路分流调节如图 2.16 所示。排出管 $H_{A,v}$ 和旁通管 $H_{A,By}$ 的联合特性曲线可以

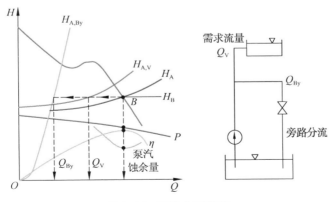

图 2.16 旁路分流调节

通过两条管路的特性曲线在相同扬程处的流量相加得到。泵在系统联合特性曲线与泵特性曲线的交点处运行(点 B)。供给系统的流量 Q_V 及通过旁通管的流量 Q_{By} 可以通过扬程曲线 H_B 推导出来。

（2）装置静扬程改变

当液位发生变化时,装置特性曲线与纵坐标的交点位置也会改变。如图 2.17 所示,当液位差增大时,流量减小(见曲线②);当液位差减小时,流量增大(见曲线①)。

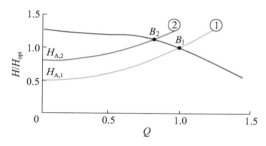

图 2.17　装置扬程改变下工况变化

改变泵装置特性的方法中还有一种特殊应用,如电厂中的冷凝泵,它通过液位的改变,导致装置汽蚀余量 $NPSHA$ 改变,使泵发生汽蚀,从而达到调节的目的。

2.4　泵系统调节机理

在实际应用中,用户对水量和水压的需求是变化的,因此要对水泵的工况进行调节以满足需求,而在解决这个供求矛盾的过程中,蕴含着丰富的节能潜力。

泵运行工况是由泵特性与装置特性共同决定的,改变其中任何一个特性都将使水泵工况发生改变。传统的运行机理只讨论了整个泵装置特性和泵特性的关系,只适合于系统的用水需求和泵装置特性已知的系统,而在工程实际中,两种条件不易满足。与此同时,很多水泵系统的供水指标都是要保证管路中某点的压力不低于规定值,这又与泵系统的部分装置特性有关。因此,本书的研究内容不仅包括整个泵装置在各种调节情形下的特性,也包括部分装置特性的变化。

2.4.1 物理模型

与传统的运行机理只讨论整个系统特性不同,节点系统的特性与节点位置的选取、运行调节的方式有关,因此需要对离心泵系统进行分类讨论。在工程中,常见的离心泵系统根据其特点可分为以下几种类型[12]。

（1）取水泵系统

取水泵系统的水源水位会出现涨落,其扬程变化较大,可将其简化为如图 2.18 所示的系统。泵从一个敞开且液位会发生变化的水源,将水提升到一个容积很大的水箱（净水池）中,在水泵机组出口和高位水箱进口处安装阀门,用来防止水倒流和进行流量调节。

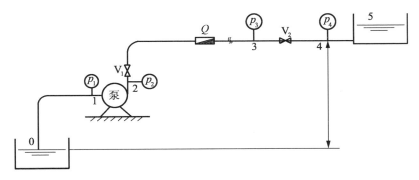

注:图中 0,1,2,3,4,5 表示各节点。

图 2.18　取水泵系统简化模型

（2）送水泵系统

送水泵系统是从吸水池吸水,其吸水水位几乎不发生变化。因此,可将其简化为如图 2.19 所示的系统。从液位固定的水源,通过水泵将水送入管网,再通过管网送至用户端,在用户端设有阀门,由用户按需求调节。图中 V_1 为供水端调节阀门,供水方可根据需求进行调节;V_3 为用水设备,由于用水设备有一定的水力损失,这里用阀门代替,以模拟其水力损失。

（3）加压泵系统

加压泵系统没有吸水池,其水源为某个管路,其他过程与送水泵系统几乎相似,因此可用如图 2.20 所示的简化模型来表示。

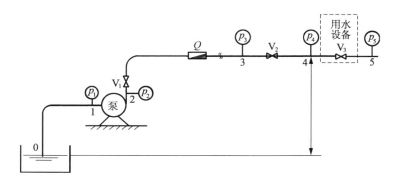

注：图中 0,1,2,3,4,5 表示各节点。

图 2.19 送水泵系统简化模型

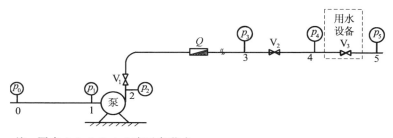

注：图中 0,1,2,3,4,5 表示各节点。

图 2.20 加压泵系统简化模型

（4）循环水泵系统

在循环水泵系统中,常出现在某个节点处需要一定的水压来维持设备正常运行的情况。因此,可将其简化为从一个固定的水源地,通过水泵将水维持一定的压力送出的模型,如图 2.21 所示。

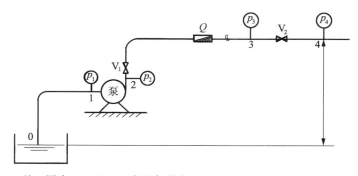

注：图中 0,1,2,3,4 表示各节点。

图 2.21 循环泵系统简化模型

2.4.2 数学分析

在上述几种模型中，为了便于分析，设定了一些使用数字标示的参考断面。其中，断面设为 i，距离某参考面的高差为 z_i，流速为 v_i，压力为 p_i。H_p 是水泵的输出扬程；各段中的损失表示（以 0–1 段为例）为：0–1 段沿程水力损失为 H_{V0-1}，压力损失系数为 K_{0-1}，阀门 V_1 损失为 K_{V1}，系统的压力损失为 H_{DRV1}。

因此，根据式（2-15），整个系统特性可表示为

$$
\begin{cases}
H_s = z_5 - z_0 + \dfrac{p_5 - p_0}{\rho g} + (K_{0-1} + K_{2-3} + K_{V2} + K_{4-5} + K_{V1})Q^2 \\[2mm]
H_{st} = z_5 - z_0 + \dfrac{p_5 - p_0}{\rho g}, \; KQ^2 = (K_{0-1} + K_{2-3} + K_{V2} + K_{4-5} + K_{V1})Q^2
\end{cases}
$$

$$(2\text{-}16)$$

0–3 段的部分系统特性可表示为

$$
\begin{cases}
H_{s3} = z_3 - z_0 + \dfrac{p_3 - p_0}{\rho g} + (K_{0-1} + K_{2-3} + K_{V1})Q^2 \\[2mm]
H_{st3} = z_3 - z_0 + \dfrac{p_3 - p_0}{\rho g}, \; K = K_{0-1} + K_{2-3} + K_{V1}
\end{cases}
\tag{2-17}
$$

0–4 段的部分系统特性可表示为

$$
\begin{cases}
H_{s4} = z_4 - z_0 + \dfrac{p_4 - p_0}{\rho g} + (K_{0-1} + K_{2-3} + K_{V1} + K_{V2})Q^2 \\[2mm]
H_{st4} = z_4 - z_0 + \dfrac{p_4 - p_0}{\rho g}, \; K = K_{0-1} + K_{2-3} + K_{V1} + K_{V2}
\end{cases}
\tag{2-18}
$$

考虑到讨论装置特性需要各点的能量水头，下面分别对 0–1 断面、1–2 断面、2–3 断面、3–4 断面、4–5 断面列伯努利方程：

$$
z_0 + \frac{p_0}{\rho g} + \frac{v_0^2}{2g} = z_1 + \frac{p_1}{\rho g} + \frac{v_1^2}{2g} + K_{0-1}Q^2
\tag{2-19}
$$

$$
z_1 + \frac{p_1}{\rho g} + \frac{v_1^2}{2g} + H_p = z_2 + \frac{p_2}{\rho g} + \frac{v_2^2}{2g}
\tag{2-20}
$$

$$
z_2 + \frac{p_2}{\rho g} + \frac{v_2^2}{2g} = z_3 + \frac{p_3}{\rho g} + \frac{v_3^2}{2g} + (K_{2-3} + K_{V1})Q^2
\tag{2-21}
$$

$$
z_3 + \frac{p_3}{\rho g} + \frac{v_3^2}{2g} = z_4 + \frac{p_4}{\rho g} + \frac{v_4^2}{2g} + K_{V2}Q^2
\tag{2-22}
$$

$$
z_4 + \frac{p_4}{\rho g} + \frac{v_4^2}{2g} = z_5 + \frac{p_5}{\rho g} + \frac{v_5^2}{2g} + K_{4-5}Q^2
\tag{2-23}
$$

（1）水源水位变化的离心泵系统——取水泵站型

由于取水泵站的水源液位会大幅度涨落，且向城市水厂输送原水时，要

求其输水量基本不变,常运用的调节方式为水泵启停调节、水泵转速调节和节流调节。

① 水源液位变化时的系统特性变化规律

当吸水池液位下降时,即 z_0 减小,由于水源敞口,即 p_0 不变,但高位水箱容积较大,由此可认为断面 5 的液位压力不变。由于在液位变化过程中,没有节流调节,因而各段的压力损失系数也不变。

因此,根据式(2-16),系统特性曲线 H_s 的顶点上移,曲率不变。由于水泵特性不发生改变,因而工况会向小流量偏移,此时水泵提供的压力会增大,即 p_2 增大。根据式(2-21),由于断面 2,3 的流速相同,位差没有发生变化,管路损失因流量减小而减少,则 p_3 增加。同理,根据式(2-22),断面 4 的压力也增加。因此,根据式(2-17)和式(2-18),装置特性曲线 H_{s3} 和 H_{s4} 的顶点上移,且曲率不变。其结果如图 2.22 所示。

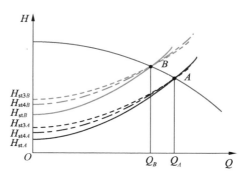

图 2.22　水源液位变化时系统特性变化规律

图中,A 工况下整个系统特性曲线为 AH_{stA},节点 4 的系统特性曲线为 AH_{st4A},节点 3 的系统特性曲线为 AH_{st3A};整个系统特性的静扬程为 H_{stA},节点 4 的系统特性静扬程为 H_{st4A},节点 3 的系统特性静扬程为 H_{st3A}。图 2.22 反映了由工况 A 调节至工况 B 时,各系统特性的变化情况。

② 水源液位变化且进行阀门调节时的系统特性变化规律

当吸水池液位下降时,如果不进行节流调节,工况点会向小流量点偏移,而取水泵系统需要输出的水量不变,因此需要增加阀门开度,以增大流量,满足输出水量不变的要求。

在本模型中,认为阀门的调节在 V_2 上进行,因此,在这一调节的过程中,仍然认为断面 5 的液位压力不变。由于只在 V_2 上进行节流调节,K_{V_2} 的值减小,其他各段的压力损失系数不变。

因此,根据式(2-13),系统特性曲线 H_s 的顶点会上移,曲率减小。由于输出的流量不变,即水泵工况不变,因而断面 2 与断面 1 之间的压差不变。

根据式(2-19),由于流量不变,p_1 压力水头的减少量等于 z_0 位置水头的下降量。又由于工况不变,根据式(2-20)和式(2-21),p_2 和 p_3 的压力水头的减少量等于 z_0 位置水头的下降量。根据式(2-17),由于在 0 - 3 段的压力损失系数不变,则系统静扬程不变,即 H_{st3} 不变。

由于断面 5 的 z_5,p_5 不变,流量不变,则 H_{V4-5} 不变,v_5 和 v_4 也不变。根据式(2-23),断面 4 的压力也不变。根据式(2-18),H_{st4} 的系统静扬程由于 z_0 下降而增大,即该曲线与纵坐标的交点上移,并且上移量与 z_0 的下降量相等,同时由于在 0 - 4 段的压力损失系数减小,曲线的曲率减小,其结果如图 2.23 所示。

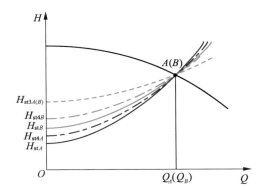

图 2.23　水源液位变化且进行阀门调节时系统特性变化规律

图中,A 工况下整个系统特性曲线为 AH_{stA},节点 4 的系统特性曲线为 AH_{st4A},节点 3 的系统特性曲线为 AH_{st3A};整个系统特性的静扬程为 H_{stA},节点 4 的系统特性静扬程为 H_{st4A},节点 3 的系统特性静扬程为 H_{st3A}。图 2.23 反映了当水源液位变化且通过阀门进行工况调节时,系统特性的变化情况。

③ 水源液位变化时,启停或调节水泵转速

当吸水池液位下降时,断面 0 的液位下降,即 z_0 减小,p_0 不变,而断面 5 的液位、压力不变,并且在液位变化过程中,由于没有节流调节,则各段的压力损失系数不变。因此,整个系统特性曲线 H_s 的顶点上移,曲率不变。若水泵特性不发生改变,则工况会向小流量偏移。若要实现输出的水量不变,则应增加开启水泵的数量或增加水泵转速,以增大流量,满足要求,此时水泵组提供的扬程升高。

由于断面 5 的 z_5,p_5 不变,流量不变,即 H_{V4-5} 不变,因而 v_5 和 v_4 也不变。根据式(2-23),断面 4 的压力不变,即 H_{s4} 的系统静扬程由于 z_0 下降而增大,该曲线与纵坐标的交点上移,上移量与 z_0 下降量相等,同时由于在 0 - 4 段的压力损失系数不变,根据式(2-18),曲线的曲率不变。

同理,根据式(2-22),断面 3 的压力不变。由式(2-17)可知,H_{s3} 的系统静扬程由于 z_0 下降而增大,该曲线与纵坐标的交点上移,上移量与 z_0 下降量相等,同时由于在 0 - 3 段的压力损失系数不变,则曲线的曲率不变。其结果如图 2.24 所示。

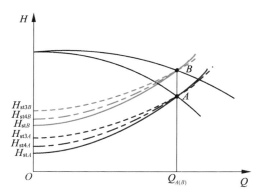

图 2.24　水源液位变化且转速和启停调节并存时泵系统装置特性变化规律

图中,A 工况下整个系统特性曲线为 AH_{stA},节点 4 的系统特性曲线为 AH_{st4A},节点 3 的系统特性曲线为 AH_{st3A};整个系统特性的静扬程为 H_{stA},节点 4 的系统特性静扬程为 H_{st4A},节点 3 的系统特性静扬程为 H_{st3A}。图 2.24 反映了由工况 A 调节至工况 B 时,各系统特性的变化情况。

（2）静扬程不变的泵系统

这种泵系统较为常见,送水泵站、加压泵站及循环水泵站均采用这种泵系统。实际应用中,上述系统只是在水源的选取、供水的要求及用户端略有不同。因此,为了简化分析过程,可将系统简化为如图 2.25 所示的模型。

① 节流调节

对于此类系统,当水泵运行时,水源(吸水池)的静水头几乎不变,即 z_0 和 p_0 不变。而系统的出口,对于送水泵站和加压泵站,其压力值为大气压,对于循环水泵,其值为了满足工艺的稳定,为一恒定的压力,因此也可认为 p_5 和 z_5 不变。

在节流运行方式下(如用户调节阀门以适应用水设备的需求),当系统中阀门的开度减小时,K_{V2} 的值减小,其他各段的压力损失系数不变。此时,系统特性曲线 H_s 的顶点不变,而曲率减小。由于水泵特性不变,因而运行工况点会向小流量点偏移,对离心泵而言,提供的扬程将会增大。

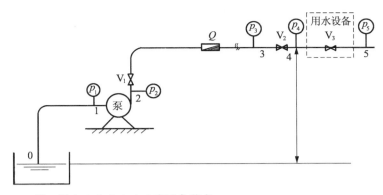

注：图中 0,1,2,3,4,5 表示各节点。

图 2.25　泵系统简化模型

　　由于水泵扬程升高，p_2 增大。根据式（2-21），由于断面 2,3 的流速相同，两断面之间的位差不变，并且管路压力损失因流量减小而减少，则 p_3 增加。由于 z_3，z_0 和 p_0 不变，在断面 0－3 之间的压力损失系数不变，即 H_{st3} 增加，且增加值与 p_3 的增加值相等，如图 2.26 所示，H_{st3} 曲线会沿着纵轴向上移动。

　　由于点 5 的压力和位置水头不发生变化，而流量减小，断面 4－5 之间的管路压力损失减少。根据式（2-23）可知，断面 4 的压力会下降。由于在断面 0－4 之间的压力损失系数增大，即 H_{st4} 增加，且增加值与 p_4 的增加值相等，由式（2-16）可知，H_{st4} 曲线会沿着纵轴向上移动，如图 2.26 所示。

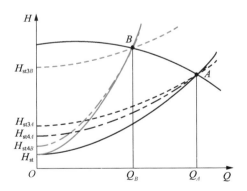

图 2.26　节流调节时泵系统装置特性变化规律

　　图 2.26 中，A 工况下整个系统特性曲线为 AH_{stA}，节点 4 的系统特性曲线为 AH_{st4A}，节点 3 的系统特性曲线为 AH_{st3A}；整个系统特性的静扬程为 H_{stA}，节点 4 的系统特性静扬程为 H_{st4A}，节点 3 的系统特性静扬程为 H_{st3A}。图 2.26 反映了由工况 A 调节至工况 B 时，系统特性的变化情况。

② 变速调节

当水泵转速降低时,根据相似定理,水泵特性曲线下降。而系统中阀门开度不变,各段的压力损失系数不变,系统进出口的静水头不变,根据式(2-17),整个系统的装置特性不变,因此工况往小流量偏移,水泵输出的扬程降低。

根据式(2-23),由于断面 4,5 的流速相同,位差也没有发生变化,管路压力损失因流量的减小而降低,则断面 4 的压力下降。由于 z_4 和断面 0 的 z_0,p_0 不变,断面 $0-4$ 之间的压力损失系数不变,根据式(2-18),H_{st4} 减少,且它的减少值与 p_4 的减少值相等,如图 2.27 所示,H_{st4} 曲线会沿着纵轴向下移动,且曲率不变。同理,由于 $3-4$ 断面之间的压力损失系数不变,因此断面 3 的压力下降,ΔH_{st3A} 曲线会沿着纵轴向下移动,且曲率不变,即如图 2.27 所示。

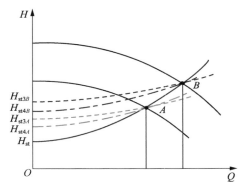

图 2.27　变速调节时泵系统装置特性变化规律

③ 综合调节

在工程实际中,用水方在不使用阀门的条件下,不能直接改变泵的运行状态,因此需要供水方来调节运行工况。调节泵的运行状态需要供水方已知用水方的需求规律。若对用水方的需求规律不了解,就需要使用综合调节方法。

在综合调节中,保持水泵出口与最不利点压力恒定的恒压供水技术应用得最为广泛和成熟。

a. 泵出口压力恒定。

假设需要水泵出口的压力恒定,在满足各种流量的前提下,泵系统内的各种特性曲线中,只有断面 $0-2$ 的系统特性曲线不发生变化,因此水泵沿着这条曲线运行才能保证水泵出口压力恒定。

当工况需要调节到小流量时,应减小 V_2 的开度,同时,水泵转速降低。

此时,系统进出口的静水头不变,断面 2 的压力不变,K_{V2} 增大,其他管路段的压力损失系数不变。

由于系统进出口的静水头不变,这个系统的装置特性曲线与纵坐标的交点不变;又由于 K_{V2} 增大,则该曲线的曲率将增大。

根据式(2-21),由于管路的压力损失系数不变,而流量减小,因而压力损失增大。又由于两个断面的流速可认为相等,而断面 2 的压力不变,因而断面 3 的压力升高。根据式(2-17),曲线 H_{st3} 会沿着纵轴向上移动,其移动量的大小与流量调节的强度有关,而在 0-3 段的压力损失系数不变,因此该曲线的曲率不变。

根据式(2-23),由于断面 4,5 的流速相同,位差没有发生变化,而管路的压力损失也因流量减小而减少,则断面 4 的压力下降。由于 z_4 和 0 断面的 z_0、p_0 不变,断面 0-4 之间的压力损失系数增大,根据式(2-18),H_{st4} 减小,如图 2.28 所示,H_{st4} 曲线会沿着纵轴向下移动,且曲率增加。

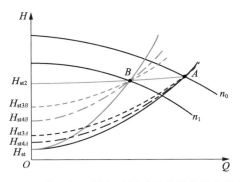

图 2.28　泵出口恒压供水时泵系统装置特性变化规律

b. 最不利点压力恒定。

由于恒压供水仍然存在较大的能源浪费,在小流量下尤为严重,因而专家提出的变压供水是将最不利供水点设定为控压点(如图 2.28 中的断面 3),保持该点的压力值为最不利供水时所需的压力值的运行方式。

假设需要断面 3 的压力恒定,在满足各种流量的前提下,泵系统内的各种特性曲线中只有断面 0-3 的特性曲线不发生变化,因此水泵沿着这条曲线运行才能保证该点的压力恒定。

当工况需要调节到小流量时,应减小阀门开度,与此同时,水泵转速会降低,系统进出口的静水头不变,断面 3 的压力不变,K_{V2} 增大,其他管路段的压力损失系数不变。

由于系统进出口的静水头不变，因而这个系统的装置特性曲线与纵坐标的交点不变，而同时又由于 K_{V2} 增大，则该曲线的曲率将增大。

根据式(2-23)，由于断面 4,5 的流速相同，位差没有发生变化，管损由于流量减小而降低，则断面 4 的压力下降。由于 z_4 和断面 0 的 z_0, p_0 不变，断面 0-4 之间的压力损失系数增大，根据式(2-18)，H_{st4} 减少，如图 2.29 所示，H_{st4} 曲线会沿着纵轴向下移动，且曲率增加。

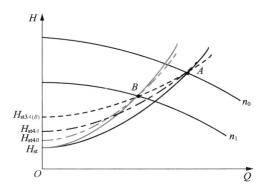

图 2.29 最不利点恒压供水时泵系统装置特性变化规律

2.5 离心泵系统调节机理试验研究

2.5.1 试验装置

假设一个泵系统是由泵、管路及其附件组成，水泵是将水从低处的水箱输送到高处的用水设备(如蓄水池)。在这个系统中，供水方和用水方分处两地，供水方不知道用水规律，因此用户需在装置末端安装调节阀门，以满足供水需求。

为了达到研究目的，水泵使用变频器进行调节，并且在调节阀门的两端安装压力传感器。

试验用泵为一台单级自吸泵，其参数如表 2.3 所示。整个试验装置如图 2.30 所示。

表 2.3 试验泵参数

参数	数值
设计流量/(m³/h)	15
设计扬程/m	40

续表

参数	数值
额定转速/(r/min)	2 900
出口管径/mm	40
进口管径/mm	50

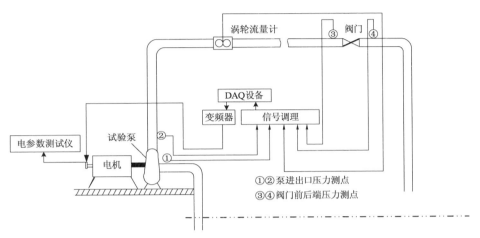

图 2.30　试验装置示意图

压力通过电容式压力变送器测量,其参数如表 2.4 所示。为了稳定压力, 减小脉动的影响,将橡胶管安装在测压孔上,具体如图 2.31a 和 2.31b 所示。

表 2.4　测试设备参数

设备	参数	要求
PXI-6251 高速采集卡	模拟输入 模拟输出 测量范围 分辨率	32 路,最大速率 1.25 Ms/s 2 路,最大速率 2.5 Ms/s ±100 mV～±10 V 16 bit
压力传感器 (WT1151GP)	测量范围 模拟输入 精度	−200～200 kPa,0～1 MPa 4～20 mA 0.2%
涡轮流量计	模拟输入 精度	4～20 mA 0.3%

设备	参数	要求
电参数测试仪 （QINGZHI 8962C1）	测量范围 精度 测量功能	频率:5～200 Hz;电流:0～40 A; 电压:0～600 V 0.5% 三相电压;电流;有功功率;无功功率; 视在功率;频率

(a) 水泵进出口测压   (b) 阀门端测压

(c) 涡轮流量计安装   (d) 数据采集系统

图 2.31 测试设备及其安装

  流量测量采用的是口径为 40 mm 的涡轮流量计。为满足该流量计的测量条件,应将其安装在距泵出口法兰 2 m 处,具体如图 2.31c 所示。电参数的测试仪采用的是 QINGZHI 8962C1,它能够用于变频电源的测量,其参数见表 2.4。

  所有从传感器输出的模拟信号,经适当调理,被传送到计算机控制的数据采集系统中,如图 2.31d 所示。采集卡选用的是 PXI - 6251,具体参数见表 2.4。

2.5.2　试验过程及试验结果分析

泵系统特性由静态部分水头和与流量相关的动态水头组成。静态水头包括位能的增加和压能的增加;动态水头包括管道及其附件的水头损失,可调节的节流损失和动能的增加。如果水头损失系数不改变,那么曲线曲率也不改变。

为了讨论泵运行与泵系统特性之间的关系,需同时采用转速调节和阀门调节。

(1) 不同阀门开度下的泵系统特性测量

泵特性的测量,可通过在不同流量点下测量泵内压力的增加值、流量值、水泵输入功率、水泵转速来实现;泵流量的调节可通过阀门进行。

泵系统特性的测量,可通过测量水泵和阀门的进出口压力值、流量值来实现;泵流量的调节可通过变频器进行。

对于泵特性(额定转速下),整个系统特性和部分系统特性在阀门调节运行下的特性曲线如图 2.32 所示。

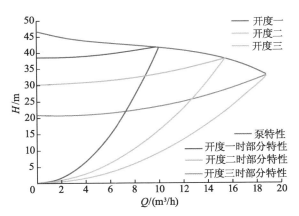

图 2.32　阀门调节运行下的整个装置特性与部分装置特性曲线

(2) 不同转速下的泵系统特性测量

在阀门全开的条件下,可通过变频器调节流量以实现不同转速下的泵装置特性测量。其结果如图 2.33 和表 2.5 所示。

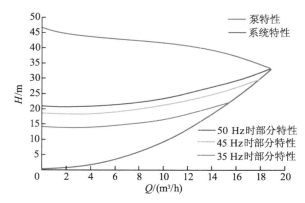

图 2.33　调速运行下的整个装置特性与部分装置特性曲线

表 2.5　调速运行下的试验数据

流量/(m³/h)	泵进口压力/kPa	泵出口压力/kPa	阀门前端压力/kPa	静压/m
18.83	−29.72	297.23	199.09	20.90
18.48	−28.74	284.01	189.18	19.91
17.79	−27.55	262.20	175.50	18.54
17.05	−25.74	239.94	159.42	16.93
15.51	−22.91	196.74	130.83	14.07
13.53	−19.58	148.13	101.91	11.18
11.54	−16.70	105	73.77	8.37
9.58	−14.39	68.18	52.88	6.28
8.14	−12.45	47.02	39.16	4.91

因此,整个泵系统装置特性曲线与装置进出口的状态、管路损失系数有关,但不受泵运行工况的影响。部分系统特性会受到工况与整个泵特性的双重影响,当水泵工况变化时,部分特性曲线的顶点位置可能会发生移动;当整个系统特性曲线的曲率变化时,部分特性曲线的曲率也有可能发生变化。

3

离心泵系统供水优化策略

在离心泵系统中,用户的需求是通过系统体现的,而能量的供给却是通过水泵实现的,在此过程中存在供需关系。在满足用户需求的基础上,最大限度地减少能量在管网等附属设备中的损失,实现供需平衡,此为实现水泵优化运行过程的第一步。因此,本章主要对水泵系统中能量利用情况进行分析,根据能量需求不同,对离心泵系统进行分类,并分别研究供需平衡的实现策略,为离心泵系统优化运行提供基础。

3.1 离心泵系统能量关系及其能耗指标

一级寻优的目标是寻找合适的水泵机组出水流量和压力,保证在此工况下,在满足需求的基础上,最大限度地节约能量。这就要求对泵系统中能量的利用情况进行研究,进而提出优化策略[75-77]。

3.1.1 离心泵系统能量流程

水泵系统工作的前提是有电能(P_{in})的输入,当电能进入装置时,可能要经过调频变速设备,再将电能输入电机,转化为机械能。该机械能通过传动装置成为能够被泵直接吸收的驱动能量 P_m。

$$P_m = P_{in} \eta_e \eta_v \tag{3-1}$$

式中:η_e 为电力分配单元的效率;η_v 为变速设备的效率。

驱动能量带动叶轮旋转,起主导作用的叶轮再强迫液体旋转,使液体在离心力的作用下向四周甩出,以此对流入水泵的液体施加能量。而这种能量在经过一定损耗后的实际有效输出 P_A,表现为水泵流量(Q_{req})和扬程(H_p)。

$$P_A = P_m \cdot \eta_{dm} \cdot \eta_m \tag{3-2}$$

式中:η_{dm} 为机械传动效率;η_m 为电机效率。

在水泵系统中,必有能量关系 $H_p = H_s$,即水泵所提供的能量都消耗在系统中[80]。

由本书前面的分析可知,泵系统中的能量平衡情况可用文献[81,82]中的方法来表示,其结果如图 3.1 所示。

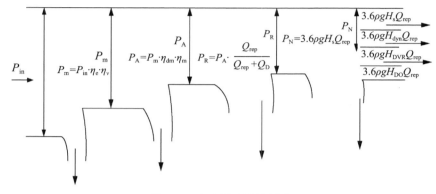

图 3.1 离心泵系统能量流

3.1.2 离心泵系统按能量需求分类

由于应用目的、使用条件和系统终端等不同,离心泵系统相关能量学机理和经济性分析也有所不同。

在功用上,一方面是以液体输送为目的,实现液体的质量输送(包括循环输运),而另一方面是以为系统末端提供液体机械能为目的,完成某种作业任务。

在液体输送型的泵系统中,有些系统是通过克服管路中的阻力来实现液体循环,有些只是将液体从一个地方输送到另一个地方;也存在一些系统,需要系统中的某些部件或系统终端维持一定的压力,以保证其正常工作。根据有效利用能量形式的不同,泵系统可以分为以下几种情况讨论。

(1)循环输运型

这类系统不以液体的异地输送为目的,也不是为了获得终端的液体机械能,而是利用水泵提供的液体机械能,实现以一定流量的液体的循环完成某些作业任务,如冷却或供暖等封闭式的循环系统。

这种系统中,泵所提供的能量主要用来克服系统阻力。系统内部的液体所增加的机械能没有形成有效的能量输出,但运行时需要克服系统中的阻力损失,即有

$$P_O = 0 \tag{3-3}$$

$$P_N = 3.6 \rho g H_{dyn} Q_{req} \tag{3-4}$$

（2）只需要利用位能型

这类系统的主要目的是将液体输送至目的地，并且目的地与源头存在一定的高差，如向高楼或高水位池送水或矿井排水等情况。

对于此类系统，水泵系统的实际有效输出转化为输送液体的位能，但在转化的过程中，仍需要克服系统的阻力损失，即有

$$P_O = 3.6 \rho g H_{geo} Q_{req} \tag{3-5}$$

$$P_N = 3.6 \rho g (H_{stat} + H_{dyn}) Q_{req} \tag{3-6}$$

（3）既需要利用位能，也需要利用压能型

工程上有一类泵主要是为了系统"保压"，即维持其一定的压力水平，如锅炉给水系统向锅炉送水。对于此类系统，水泵系统的实际有效输出转化为输送液体的位能和一定的压能，但在转化的过程中，仍需要克服系统的阻力损失，即有

$$P_O = 3.6 \rho g H_{stat} Q_{rep} \tag{3-7}$$

$$P_N = 3.6 \rho g (H_{stat} + H_{dyn}) Q_{rep} \tag{3-8}$$

（4）需要利用末端动能型

此类泵一般分为两种：一种是以利用动能功率为主（如水力开挖等），以出口高速液体的动能为动力完成某种工作任务；另一种是利用出口液体的动能实现液体的喷射或喷洒，如消防灭火等。对于此类系统，水泵系统的实际有效输出转化为装置出口的液体动能，但在转化的过程中，仍需要克服系统的阻力损失和一定的势能，即有

$$P_O = 3.6 \rho g H_{DO} Q_{req} \tag{3-9}$$

$$P_A = 3.6 \rho g (H_{stat} + H_{dyn} + H_{DO}) Q_{req} \tag{3-10}$$

3.1.3 常用能耗指标

水泵基本性能曲线中的效率-流量（η-Q）曲线反映的是水泵自身的能量转换效率。但就泵系统而言，仅有这条曲线是无法反映实际情况的，这是因为，一方面水泵的实际运行工况随时间发生变化，另一方面还需要反映出能量的供给和有效需求的情况[83-85]。

（1）能源效率

考虑到工况是随时间连续变化的，则水泵系统在一段时间 T 内的能耗可表示为

$$W_{in} = \int_T P_{in} dt \tag{3-11}$$

水泵的实际有效输出为

$$W_A = 3.6\rho g \int_T H_p(t) Q_p(t) \mathrm{d}t \tag{3-12}$$

泵系统正常工作所需要的最小能量为

$$W_N = \int_T P_N \mathrm{d}t \tag{3-13}$$

泵系统中实际有效的输出为

$$W_O = \int_T P_O \mathrm{d}t \tag{3-14}$$

能量效率是指实际有效输出与输入之比,因此泵系统的能量效率可表示为

$$\eta_{st} = \frac{W_O}{W_I} \tag{3-15}$$

为了对水泵系统进行能耗分析,可将系统效率分解为

$$\eta_{st} = \frac{W_O}{W_N} \frac{W_N}{W_A} \frac{W_A}{W_I} \tag{3-16}$$

泵系统的效率指标与泵的工作经济性直接相关,但它并非工作经济性的最终表征指标,因此常采用其他指标,如千吨水能耗、千吨米能耗。

（2）千吨水能耗

千吨水能耗是指抽提 1 kt 水的耗电量。我国大部分城市自 20 世纪 50 年代以来均采用该指标来考核水泵的能耗。其表达式为

$$e_1 = \frac{1\,000E}{G}$$

式中：e_1 为千吨水能耗,kW·h/kt；E 为某时段内水泵消耗的电能,kW·h；G 为同一时段内水泵的提水量,t。

该指标计算简单,直接反映了水泵抽提水量与能耗的关系,但该指标只考虑了流量大小对能耗的影响,没有考虑泵的扬程对能耗的影响。

（3）能源单耗

能源单耗,又称千吨米能耗,它是指水泵在某一时段内所消耗的总电能与同时段内泵站抽提水的总量之比。其表达式为

$$e_2 = \frac{1\,000E}{W_e} = \frac{1\,000E}{3.6\sum \rho Q H_{st} \Delta t}$$

式中：e_2 为能源单耗,kW·h/(kt·m)；E 为泵站在某运行时段 T 内消耗的总电能,kW·h；W_e 为同一时段内泵站的提水量,kt·m；H_{st} 为 Δt 时段内泵站的平均扬程,m；ρ 为 Δt 时段内水的密度,kg/m³；Q 为 Δt 时段内泵站的平均提水流量,m³/s；T 为泵站运行时段,以小时计,h；Δt 为计算时段,h。

3.2 离心泵系统最低运行扬程需求及其实现

3.2.1 具有调速装置的离心泵系统最低系统需求及其实现

在实际应用中,用户对水量和水压的需求是变化的,这就需要对水泵的工况进行调节。当运行过程中不存在阀门调节时,水泵在系统上浪费的能量少,因而节能效果最好,此时可以称之为理想的变频变压供水。

调节泵运行状态的前提是供水方已知用水方的需求规律,若供水方对需求规律不了解,就会出现供水过量或不足等不利于节能和供水安全的情况。因而可将供水系统分为:用水需求变化规律确定的系统和用水需求变化规律不确定的系统。

（1）用水需求变化规律确定系统的扬程供给优化策略及其实现

对于需求规律确定的泵系统,由于其用水规律是已知的,可直接使用变频器改变泵的运行状态,以适应用水需求,而不需要再调节阀门开度。这种情况比较接近理想的变频变压供水,可以使泵的运行状态随着流量需求的变化而沿泵系统特性曲线变化,达到最佳的节能效果,其运行原理如图 3.2 所示。当需要流量为 Q_2 时,将转速调节至 n_0,此时工况点为 A 点;而当所需流量为 Q_1 时,将转速调节至 n_1,此时工况点为 B 点。

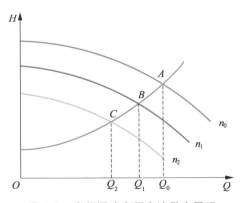

图 3.2　变频调速变压变流供水原理

由需求规律确定的供水装置变压运行基本原理可知,实现变频变压供水的方法即通过测量工艺流程中与流量需求相关的过程量（如冷凝系统中的温度、化工过程中的物质浓度或随时间变化供水装置中的时间）,根据需求规律,计算出所需的用水量,进而计算出相应的水泵装置调节量,从而发出控制信号,调节变频器的输出频率,调节水泵装置以满足用户的用水要求。

用户需求规律确定的供水装置变压运行的这些特点,决定了对象既可采用开环控制的方式(控制结构如图 3.3 所示),也可采用闭环控制的方式(控制结构如图 3.4 所示)[84]。

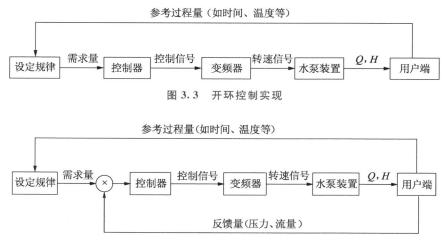

图 3.3　开环控制实现

图 3.4　闭环控制实现

开环控制是控制器通过需求量计算出相应的水泵装置调节量,发出控制信号,调节变频器的输出频率,调节水泵装置,从而满足用户的用水要求。闭环控制是根据需求量和反馈量的差值计算出调节量,发出控制信号,调节变频器的输出频率,调节水泵装置,从而满足用户的用水要求。

以上两种方法均能实现已知流量需求规律的供水系统变频变压供水。开环控制的系统结构较为简单,但需要能够根据需水规律计算出相应的水泵装置调节量,这在实现上较为困难。另外,当供水模型发生改变时,其供水精度难以保证。对于闭环控制,其控制结构复杂,设备成本高,但可以通过简化控制器的设计,使用人们较为熟悉的、特性较好的 PID 控制器,以保证供水质量,满足用户用水需求。

(2) 需求变化规律不确定系统的供给优化目标

实际上,用户的用水需求与用水设备的特性、工艺参数、周围环境等诸多因素有关,掌握用水规律需要一定的专业知识。而对于某些供水系统,其用水量是随机的,在工程实际中很难准确预测,应用更多的是存在阀门调节的情况。而对于此种情况,若要在系统上减少能耗,就需要在能量供给上进行优化,以减少阀门调节对系统的影响。

由于流量需求规律不可知,在用户端不可避免地存在阀门启闭。图 2.19 所示的模型可作为用水规律不可知的供水装置模型。

当流量发生变化时,点 0 和点 5 的能量不发生变化,点 1 和点 4 的压力完全是由此时的流量决定的,只有 2 - 3 段上各个点的压力与泵的工况相关。因此,可通过对 2 - 3 段上各个点的压力进行控制,实现水泵工况的调节,与此同时,2 - 3 段上各点在不同流量需求下的压力值,也反映了泵系统的能量供给情况。

设定 2 - 3 段上的各点为控压点,可采用保持控压点压力恒定的方法来实现供水,其运行控制过程线如图 3.5 所示。

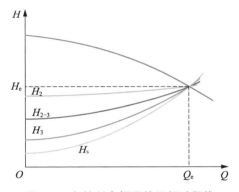

图 3.5　各控制点恒压的运行过程线

如图 3.5 所示,若控压点接近用户端,水泵需要提供的能量就越接近基本需求规律线,其节能效果就越好,但将控压点的信息传送到控制中心的难度、投资和维护费用也会越高。

由于采用将点 2 作为控压点易于实现水泵出口的恒压供水,因此采用此种方法的泵系统较为常见;但从节能的角度,将点 3 作为控压点实现水泵出口的变压供水较为有利,也就是最不利点的恒压供水原理,其运行过程如图 3.6 所示。曲线 AE 为泵在工频下的特性曲线;曲线 H_0CA 为图 2.18 所示供水模型中用户端阀门全开时装置的特性曲线;曲线 FDH_0,EJH_0 分别为用户端阀门开度为 K_2,K_3 时整个装置的特性曲线;曲线 ADH_{st3} 为用户端阀门全开时模型中供水管网段的装置特性曲线。

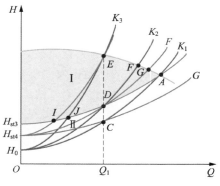

图 3.6 最不利点恒压供水原理

从图 3.6 中可以得出，该方法与节流运行相比有Ⅰ区域的节能面积，但与流量需求规律确定供水装置的变压运行相比，仍存在如Ⅱ区域的节能空间。由于水泵自身性能和配置选择余量过大等，绝大多数水泵在实际运行中，流量和扬程在绝大部分时间里远低于所设计的流量和扬程。将控压点的压力值设定为最不利条件下所需的压力值，就可以保证足够的供水安全，但会使用户端阀门一直存在较大的局部水力损失，继而造成一定的能源浪费。因此，需要对这种方法进行一定的改进。

（3）需求变化规律不确定系统的供给优化改进

当控压点的压力设定值低于最不利供水时的压力值时，由于没有阀门开度的改变，1-3 段装置特性曲线的形状不变，而由于点 3 的压力减小，所以装置特性曲线下移，即如图 3.7 所示的曲线 BEH_{stB}；曲线 ACH_{stA} 则为控压点压力设定为最不利点的压力值时的 1-3 段的装置特性曲线。

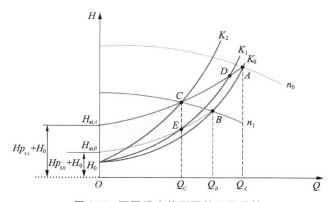

图 3.7 不同设定值下泵的运行特性

由于 p_{3B} 小于 p_{3A}，当流量为 Q_A 时其所提供的压能是不能够满足供水要求的，因而该压力设定值所能达到的最大流量小于 Q_A。如图 3.7 所示，在该设定值下，流量所能达到的最大值为 Q_B，即曲线 ABH_0 与曲线 BEH_{stB} 的交点。

当控压点的压力设定为 p_{3B} 时，若用户所需流量为 Q_C，用户端的阀门开度为 K_1 即可满足；若设定值为 p_{3A} 时，则需要阀门开度为 K_2，此时大约有 CE 段的能量损失在用户阀门上。因此，在能够满足供水要求下，设定值采用 p_{3B} 比采用 p_{3A} 更加节能，但当流量大于 Q_B 时却无法满足供水要求。

因此，在流量需求规律不可知的供水系统中，采用变压供水方式时，若选取最大流量点作为控制设定值，通常是安全和足够的，此时设定值不宜超过该值；但当用水量较小时，则应选取较小的设定值来降低能耗。根据上述讨论，设定值不宜设定为最不利点供水时的压力值，而是应该根据实际的流量值来进行相应的调整，以满足供水安全和节能两大供水指标。

(4) 需求变化规律不确定系统的供给优化策略

对于不同的水泵系统，由于应用目的、使用条件和系统终端特点等不同，其优化供给的策略也存在差异。

对于实现液体输送的系统，有一部分是为了单纯地实现一定量的液体的输送，而有些系统在要求输送一定量液体的同时，还要求对系统中某些装置"保压"，即维持其一定的压力水平。因此，对于需求规律不确定系统的供给优化可分为以下两种情况讨论。

① 只需要完成输送的泵系统

由于对系统中各点的压力没有特殊的要求，只要能够满足输水要求即可，因此，可以设置用户端前端或某些制高点为控压点。

a. 控压点的信息能够通过传感器返回。

控压点的压力设定应该根据实际流量值来进行相应的调整，即以流量为指标。当流量增大时，设定值按某算法增大；当流量减小时，设定值按某算法减小。因此，可以采用将流量区域划分为几个流量段，对不同的流量段，设定不同值的方式来实现变压供水，如图 3.8 所示。

如图 3.8 所示，将供水流量范围分为三段：O 至 Q_1 段、Q_1 至 Q_3 段、Q_3 至 Q_A 段。这三段中将压力分布设定为 p_C，p_B，p_A。运行过程线如图中蓝色线所示。当流量小于 Q_1 时，控压点的压力设定值为 p_C；流量在 Q_1 与 Q_3 之间时，压力设定值为 p_B；当流量大于 Q_3 时，压力设定值一直为 p_A。采用该方法可比采用将控压点的压力值设定为最不利点的压力的方法节约阴影部分的能量。

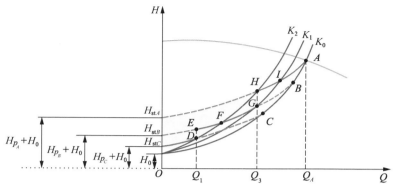

图 3.8　流量变频调速分段变压运行原理图

但是,当流量值为 Q_3,流量从小到大变化时,设定值改变,继而工况点变为点 I;而流量从大到小变化,需要流量在 Q_3 时,设定值仍然改变,工况点变为点 F。也就是说,当需求量为 Q_3 时,该装置就无法满足要求。针对这种情况,就需要对此方法进行一定的修正,以保证供水装置能够满足在全流量段的供水。具体的修正方法如图 3.9 所示。

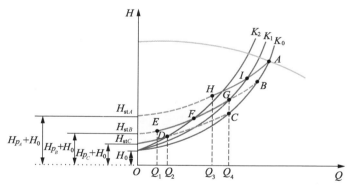

图 3.9　流量变频调速分段变压运行修正原理图

如图 3.9 所示,对触发压力设定值进行了修正,当流量增大时,将点 D、点 G 的流量值 Q_2,Q_4 作为触发点;而当流量减小时,将点 E、点 H 的流量值 Q_1,Q_3 作为触发点,其中 $Q_1 < Q_2$,$Q_3 < Q_4$。这样就能够保证在该变压下实现全流量段运行。

由于该运行方式是通过将流量区域划分为几个流量段,不同的流量段,采用不同的设定值来实现的,因此,将其称为分流量段变压供水方式。

将控制点压力恒定在最不利供水时压力的变压运行方式,虽然能够满足需求规律不确定系统的供水要求,但仍然有一定的能量消耗在用户端阀门上。而采用分流量段变压供水,一方面能够满足未知流量规律的供水要求,另一方面,还能拥有如图 3.9 中阴影所示的节能空间。

分流量段变压供水的实现过程要求控压点的压力随流量变化,但装置的模型随着阀门开度的改变而改变,因此需要采用控制精确、抗干扰能力较强的闭环控制方法,其实现原理如图 3.10 所示。

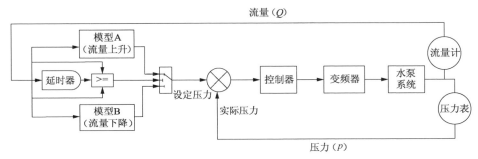

图 3.10 分流量段变压供水的实现原理

用户调节阀门改变流量时,流量计测量出一段时间内的流量值,再通过前一段时间的流量值与当前流量值的比较,可以判断出系统流量变化的趋势;根据趋势选择不同的模型计算出当前应该设定的压力值,然后通过控制系统调节变频器的输出频率,控制泵运行到相应的工况点,使实际压力与设定压力值相等,以达到运行目标。

b. 控压点的信息不能够通过传感器返回。

由于最不利点的信息不能够直接反馈到水泵控制中心,因而将实际的控压点放置到水泵出口,通过该点的信息预测最不利点的信息。若想准确地预测最不利点的信息,就需要确定动态的水力损失关系,但这个关系较难精确确定。而且,管路会由于泄漏、腐蚀等原因,水力损失与流量之间的关系也会发生变化。因此,这种方法可行性不强,需要获得一种新的供给控制策略,使其能够具有较好的节能效果和可行性。

在进行控制设定时有两个因素必须满足:

(i) 运行控制轨迹必须在阀门全开时整个泵装置的特性曲线上方,这样泵提供的能量才能满足系统需求,符合工程安全的需要。

(ii) 最不利点的压力应该根据实际流量值来进行相应的调整,即以流量为指标。当流量增大时,设定值按某算法增大;当流量减小时,设定值减小。这样就会在节约能源的基础上增加系统的可靠性,在大流量下,提供更大的压力以满足需求;在小流量下,压力减小,减少了阀门的磨损,延长了其使用寿命。

在考虑以上因素的基础上,可将控制目标设定为如图 3.11 所示的直线 AH_0,其中点 A 为最大流量下泵的工况点,点 H_0 为这个泵装置的静态部分水头。泵装置特性曲线的二阶导数是正值,该曲线是凸弧,因此直线 AH_0 始终在其左上方,即按照该控制率运行,水泵提供的能量是可以满足需求的。当部分装置特性曲线的定点位置较高时,调节阀门上消耗的能量是小于传统的最不利恒压供水的。尤其重要的是,这条线(AH_0)是很容易获得的。

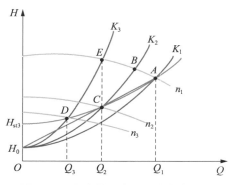

图 3.11 分流量段变压供水修正原理

② 在完成输送的同时还需要某些装置能维持一定压力的泵系统

此类系统中,通常将需要维持一定压力的装置前端设定为最不利供水点,在条件允许的情况下可设置为控压点。

在设定供给控制率时,应保证该点的压力大于或等于需要维持的压力,则水泵需要提供的扬程等于从装置起点到该点的压力损失,高差和所需要的维持的压力,即保证水泵按照顶点为高差加上所需维持的压力水头的部分装置特性曲线运行。

由于控压点设置的压力与满足最不利点供水时所需要的压力可能不同,因此可能出现以下 3 种情况:

a. 设置的压力与满足最不利点供水时所需要的压力相等。

此时属于系统设计的较好情况,可以在满足该设定压力的情况下,系统的工作能力可以充分发挥。

b. 设置的压力小于满足最不利点供水时所需要的压力。

此种情况在实际中较易出现,其结果如图 3.12 所示。

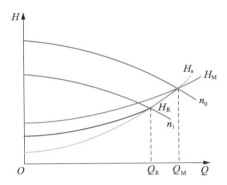

图 3.12 压力小于满足最不利点供水时所需要的压力

在满足设定压力时,流量所能达到的最大值 Q_R 小于该系统所能达到的最大值 Q_M。当系统所需要的流量小于 Q_R 时,按照红色轨迹线运行是可以满足需求的。当所需流量大于 Q_R 时,可通过只调节水泵转速来满足需求,按照橙色轨迹线来运行。此时,装置前端的压力大于设定值,一些设备仍可正常工作,但存在一些能源的浪费,而这个浪费只能通过改变泵系统的配置才能消除。

c. 设置的压力大于满足最不利点供水时所需要的压力。

此种情况较为罕见,其结果如图 3.13 所示。

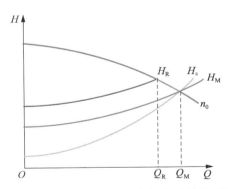

图 3.13 压力大于满足最不利点供水时所需要的压力

当满足设定压力时,流量所能达到的最大值 Q_R 小于该系统所能达到的最大值 Q_M。当系统所需要的流量小于 Q_R 时,按照红色轨迹线运行是可以满足需求的。当所需流量大于 Q_R 时,可通过只调节阀门来满足需求,按照橙色轨迹线来运行。此时,装置前端的压力小于设定值,一些设备可能不能正常工作,只能通过改变泵系统的配置才能改变这种情况。

当实际条件不允许将最不利供水点设置为控压点时,可将水泵出口作为控压点。此时,控制率也可设置为直线控制率,只是将直线的起点设定为高差加上所需维持的压力水头,终点的设置却因装置需要的压力与满足最不利点供水时所需要的压力的不同而不同。

当装置需要压力小于满足最不利点供水时所需要的压力时,情形如图 3.14 中棕色线所示。

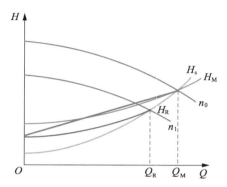

图 3.14 "保压"系统需要压力小于最不利点供水压力时的变压运行改进

当装置需要压力大于满足最不利点供水时所需要的压力时,情形如图 3.15 中棕色线所示。

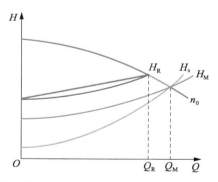

图 3.15 "保压"系统需要压力大于最不利点供水压力时的变压运行改进

3.2.2 无变频调速配置的离心泵系统扬程供给优化

当没有配置调速设备时,系统运行调节能力较弱。基本上如果采用节流调节,就是沿着泵特性曲线运行;而若只采用启停调节,就只沿着几个工况点运行。

此时,几乎很难通过系统运行条件或控制来实现按最低系统需求供给,只能通过系统的优化设计、配置来实现节能运行。

3.2.3 离心泵系统扬程需求计算

如前所述,P_O 为系统实际有效的输出功率,而 P_N 是维护系统工作所需的最小功率,水泵的实际有效输出功率为 P_A。对于水泵系统而言,所谓的供需平衡就是,在满足 P_O 的前提下,使得 P_A 与 P_N 尽可能地接近。因此对于离心泵系统的需求计算,需要计算出 P_O 与 P_N 值。

系统实际有效的输出表现为一定的流量、压力,它往往由系统作用、工艺参数等决定。不同的系统具有不同的特点、不同的设计准则。由于本书篇幅的原因,将在具体案例中介绍 P_O 的相关计算方法,本节主要介绍 P_N 的计算方法。

不同的系统,P_N 亦有所不同,但总体上主要包括管路损失、有效位能和有效动能三部分。

有效位能及有效动能主要与系统需求、系统布置相关,可以通过测量高差并根据当前流量有效动能所得,具体可参考伯努利方程(见 2.4 节)。在本节中主要论述管路损失的计算。

流体力学的试验研究表明,管路中的流体运动在亚微观水平上可有"层流"和"紊流"两种基本流态,其能量损失的程度是不同的。在层流状态,各流层之间质点互不混杂。如果是圆管流动,液体层呈同轴柱面状,自壁面至中心线的每个圆柱面都是一个层流面。在紊流状态中,液体质点除主流方向外还有一个流层间的扰动速度。在层流与紊流之间,以及紊流状态中,也还有若干不同紊流程度的差异。判定液流为层流或紊流的依据是无因次特征量"雷诺数"Re,其计算公式为

$$Re = \frac{cl}{\nu}$$

式中:c 为平均流速,cm/s;l 为特征尺寸,对圆管取 $l=d$(内径),cm;ν 为流体运动黏度,St 或 cm^2/s。

当 $Re < 2\,300$ 时,流动为层流状态;当 $Re > 2\,300$ 时,流动为紊流状态。泵系统中流动一般为紊流状态。

泵系统的流动能量损失一般包括两部分:一是"沿程损失",它是发生在流动沿程因流动与管路的摩擦作用而产生的机械能损失,可用 $h_{los,l}$ 表示;二是"局部损失",它是在流动发生急剧变化的某些局部急流产生的能量损失,可用 $h_{los,pa}$ 表示。

因此，泵系统的流动能量损失可表示为

$$h_{\text{los}} = \sum h_{\text{los,l}} + \sum h_{\text{los,pa}}$$

下面分别对这两种损失的计算做简单的讨论，更为详尽的内容可参阅有关书籍或手册[85]。

（1）沿程损失的计算

沿程损失计算一般采用达西（Darcy）公式，即

$$H_{\text{f}} = \lambda \frac{L}{D} \frac{v^2}{2g}$$

式中：λ 为摩擦系数（部分系数见表 3.1），m；L 为管道长度，m；D 为管道直径，m；v 为管道内有效截面上的平均流速，m/s；g 为重力加速度，m/s²。

新铸铁管摩擦系数 $\lambda = 0.02 + 0.000\,5/D$。西岛公司给出的摩擦系数 λ' 和混凝土管 $\lambda_{\text{c}} = 0.015\,6/D^{0.25}$，对上式同样适用。

表 3.1　各种管径下的摩擦系数

管径/mm	摩擦系数			管径/mm	摩擦系数		
	达西 λ	西岛 λ'	混凝土 λ_{c}		达西 λ	西岛 λ'	混凝土 λ_{c}
40	0.032 5	0.037 6	0.034 8	500	0.021 0	0.019 0	0.018 6
50	0.030 0	0.034 8	0.033 0	600	0.020 8	0.018 3	0.017 8
80	0.026 7	0.030 7	0.029 9	700	0.020 7	0.017 7	0.017 1
100	0.025 0	0.028 1	0.027 8	800	0.020 6	0.017 2	0.016 5
125	0.024 0	0.026 6	0.026 3	900	0.020 6	0.016 7	0.016 0
150	0.023 3	0.025 3	0.025 1	1 000	0.020 5	0.016 3	0.015 6
175	0.022 8	0.024 3	0.024 2	1 100	0.020 5	0.016 0	0.015 3
200	0.022 5	0.023 6	0.023 4	1 200	0.020 4	0.015 7	0.014 9
250	0.022 0	0.022 3	0.022 1	1 350	0.020 4	0.015 3	0.014 5
300	0.021 7	0.021 4	0.021 1	1 500	0.020 3	0.015 2	0.014 1
350	0.021 4	0.020 6	0.020 3	1 800	0.020 3	0.014 7	0.013 5
400	0.021 3	0.020 0	0.019 7	2 000	0.020 2	0.014 5	0.013 1
450	0.021 1	0.019 5	0.019 1				

如果测量点与法兰之间的管路是具有不变圆形横截面和长度 l 的无阻碍直管,那么达西公式中的 λ 值可用克雷布鲁克(Colebrook)公式求得

$$\frac{1}{\sqrt{\lambda}} = -2\lg\left(\frac{2.5l}{Re\sqrt{\lambda}} + \frac{k}{3.7D}\right)$$

式中:k 为管路当量均匀粗糙度(可从表 3.2 中查得),m;D 为管路直径,m;k/D 为相对粗糙度(纯数值);Re 为雷诺数。

表 3.2　管路当量均匀粗糙度

管材	玻璃、拉制黄铜、铜或铅	钢	涂沥青铸铁	镀锌铁	铸铁	混凝土	铆接钢
k/mm	光滑	0.05	0.12	0.15	0.25	0.3~3.0	1.0~10

如没有特别推荐,可使用莫迪图查得 λ 值,如图 3.16 所示。

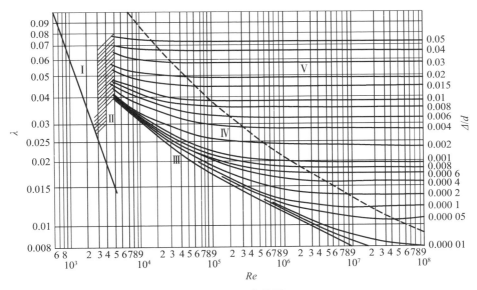

图 3.16　莫迪图

(2)局部损失的计算

局部损失的计算公式为

$$\sum h_{\text{los,pa}} = \xi \frac{c^2}{2g}$$

式中:ξ 为局部阻力系数,根据不同的"局部"结构而定,参见表 3.3;c 为"局部"后端的速度,m/s,由于"局部"前、后的 c 值有很大不同,查找各种推荐表时应注意相应系数是对哪一个速度而言的。

表 3.3 若干局部阻力系数 ξ 值

局部阻力系数	局部示意图	局部阻力系数	局部示意图	局部阻力系数	局部示意图
管子无 扩口进口 $\xi=0.5$		管子有喇叭 形扩口进口 $\xi=0.1\sim0.2$		无底阀滤网 $\xi=2\sim3$	
有底阀滤网 $\xi=5\sim8$		逆止阀 $\xi=1.7$		90°弯头 $\xi=0.2\sim0.3$	
45°弯头 $\xi=0.1\sim0.15$		渐细接管 $\xi=0.1$		渐粗接管 $\xi=0.25$	
直流三通 $\xi=0.1$		曲流三通 $\xi=2.0$		分流三通 $\xi=1.5$	
闸阀 $\xi=0.1$		Y 型管 $\xi=1.0$		出口 $\xi=1.0$	

3.3 离心泵系统运行流量需求预测

对于泵系统,根据用水量情况,确定水泵流量;根据管路情况和压力需求情况,确定水泵扬程。在系统选择设计前,其流量需求往往需要进行预测,于是选择何种方法成为准确进行流量需求预测的关键。

3.3.1 需水量预测方法的分类

由于用水系统的复杂性,无法建立一个确定的模型对它进行描述,因而绝大多数需水量的预测方法都是建立在对历史数据统计分析的基础上,不同的只是数据处理方式及其应用特点。

根据数据处理方式的不同,需水量预测方法(见表 3.4)主要分为时间序列法、结构分析法和系统方法。

表 3.4　需水量预测方法汇总

时间序列法	确定型	移动平均法	简单平均法	
			简单移动平均法	
			加权移动平均法	
		指数平滑法	一次指数平滑法	
			二次指数平滑法	布朗单一参数指数平滑
				霍特双参数指数平滑
			三次指数平滑法	布朗单一参数指数平滑
				温特线性季节性指数平滑
		趋势外推法	多项式模型	
			指数曲线模型	
			对数曲线模型	
			生长曲线模型	
		季节变动法	季节性水平模型	
			季节性交乘趋向模型	
			季节性叠加趋向模型	
	随机型	马尔可夫法	一重链状相关预测	
			模型预测	
		博克斯-詹金斯法（B-J）	自回归模型（AR）	
			移动平均模型（MA）	
			自回归移动平均模型（ARMA）	
结构分析法	回归分析		一元线性回归分析	
			多元线性回归分析	
			非线性回归分析	
	工业用水弹性系数预测法			
	指标分析法			
系统方法	灰色预测方法		灰色关联度分析	
			灰色数列预测	
			灰指数预测	
			灰色灾变预测	
			灰色拓扑预测	
	人工神经网络方法（ANN），以 BP 模型为代表			
	系统动力学方法			

根据预测模型对未来的描述能力，即预测周期的长短，需水量预测方法可以分为单周期预测方法和多周期预测方法。此处提及的"周期"可理解为时、日、月、年等时间单位。如以过去的历史数据预测未来一个单位时间的需水量，可视为单周期预测；预测未来两个以上单位时间的需水量，可视为多周期预测。一般来说，各种预测方法的预测误差都会随着预测周期的增加而增加，然而误差增长速度和抗随机因素的能力有很大差别。时间序列法由于其所用的数据单一(只是用水量的历史数据)，而最近的数据却包含了极其重要的预测信息，所以预测周期不宜太长。灰色预测方法实质上是一个指数模型，当需水量发生零增长或负增长时，系统误差严重，而且预测周期越长误差越严重。人工神经网络方法需要数据动态的训练系统，近期数据对系统影响很大，预测周期也不宜太长。上述三种方法均属单周期预测方法。结构分析法和系统动力学方法是分析用水系统、收集多种用水数据后建立起来的，在用水系统未发生很大变化的条件下，可以得到多个周期的预测值，属于多周期预测方法。

3.3.2　几种典型预测方法的评析

（1）ARMA 方法

ARMA 方法集时间序列模型之大成，是对自回归模型和移动平均模型的综合。它将预测对象随时间变化形成的序列先加工成一个白噪声序列进行处理，所以可对任何一个用水过程进行模拟，对时预测、日预测和年预测均有效，且预测速度快(利用计算机动态建模预测)，能得到较高的预测精度。但是该方法与其他时间序列方法一样，具有预测周期短、所用数据单一的缺点，只能给出下一周期需水量的预测值，且无法剖析形成这一值的原因，给出合理的误差估计，所以它更适用于优化控制的短期预测。此外，该方法还存在明显的滞后性，即最近一期实际数据发生异常变化时，由于模型的平滑作用，预测数据无法立即对其做出反应，使得在预测一些异常值时造成较大的误差，甚至失真。

（2）回归分析法

该预测方法是通过回归分析，寻找预测对象与影响因素之间的因果关系，建立回归模型进行预测，而且在系统发生较大变化时，也可以根据相应变化因素修正预测值，同时对预测值的误差也有一个大体的把握，因此它适用于长期预测。对于短期预测，由于用水量数据波动性很大、影响因素复杂，且影响因素未来值难以准确预测，故不宜采用此方法。该方法是通过自变量(影响因素)来预测响应变量(预测对象)的，所以自变量的选取及自变量预测值的准确性至关重要。针对我国基础数据短缺、预测及决策体系不完善的现状,笔者认为在抓住系统主要影响因素的基础上,引入的自变量应适当,过多的自变量不仅会使计算量增加、模型稳定性退化,还容易把不可靠的自变量预测值引入模型,使误差累加到响应变量上,造成更大的误差。

（3）指标分析法

指标分析法是通过对用水系统历史数据的综合分析,制定出各种用水定额,然后根据用水定额和长期服务人口（或工业产值等）计算出远期的需水量。该方法与回归分析法有很多相似之处,在一定意义上它等效于以服务人口为自变量的一元回归,用水定额相当于回归系数。两者不同的是,回归分析具有针对性,而用水定额具有通用性;与回归分析相比,指标分析的工作量要小得多,但是由于用水定额的通用性,在对特殊城市或地区进行需水量预测时会造成很大的误差。

（4）灰色预测方法

灰色预测方法是一种不严格的系统方法,它抛开了系统结构分析的环节,直接通过对原始数据的累加生成寻找系统的整体规律,构建指数增长模型。该方法能根据原始数据的不同特点,构造出不同的预测模型。例如,应用于增长速度有变化的灰指数模型,应用于处理有季节性变化数据或噪声数据的灰色拓扑模型,以及能包含多个用水量影响因素的 $G(1,N)$ 模型。因此,该方法的预测范围很广,对长、短期的预测均可,且所需数据量不大,在数据缺乏时十分有效。

（5）人工神经网络方法

人工神经网络是一种由大量简单的人工神经元广泛连接而成的,用以模仿人脑神经网络的复杂网络系统。与传统建模过程（从概念模型到数学模型）不同的是,它是在给定大量输入/输出信号的基础上,建立系统的非线性输入/输出模型,对数据进行并行处理,被学术界称为无模型。实质上,它是把大量的数据交给按一定结构形式和激励函数构建的人工神经网络进行学习,然后在给出未来的一个输入的情况下,由计算机根据以往"经验"判断应有的输出。

该方法实际上是对系统的一种黑箱模拟,更适于短期预测、动态预报短期负荷及动态训练系统,在这些方面不乏成功的实例。而对于长期需水量预测,目前还尚未有人应用此方法进行研究。即使能得到较高的预测精度,由于其"黑箱操作"对制定用水政策、提高水的利用率方面并无帮助,因而该方法不宜用于长期预测。

（6）系统动力学方法

系统动力学方法是把所研究的对象看作具有复杂反馈结构、随时间变化的动态系统，通过系统分析绘制出表示系统结构和动态特征的系统流图，然后把各变量之间的关系定量化，建立系统的结构方程式，以便运用计算机语言进行仿真试验，从而预测系统未来。

该方法应用效果的好坏与预测者的专业知识、实践经验、系统分析建模能力密切相关。通过系统分析、系统模型的建立，可以对系统进行白化，再经过计算机动态模拟，能够找出系统的一些隐藏规律。所以，该方法不仅能预测出远期预测对象，还能找出系统的影响因素及作用关系，有利于系统优化。但系统分析过程复杂，工作量极大，且对分析人员能力的要求较高，所以不适用于短期需水量预测。而对长期需水量预测，其优势是十分明显的。

（7）预测模型的选择探讨

各种需水量预测方法都有其自身的优点及不足，而需水量预测就是结合预测的目的、特点，以及用水量变化规律，合理地选择一种或几种预测方法，并收集所需的数据进行预测。因此，必然会遇到预测方法的择优问题。

① 对于水资源规划、城市水量平衡前期所做的需水量长期预测，由于其用水对象复杂、预测周期要求长，更重要的是在预测工作完成后，还要制定政策以能动地影响系统，因此宜采用回归分析法或系统动力学方法。

② 针对优化运行调度所进行的时预测和日预测，宜采用 ARMA 模型或人工神经网络模型。

③ 对基础数据缺乏的城市或地区进行预测时，采用灰色预测方法进行建模能得到较理想的预测结果。

④ 对于新建水厂、管线、泵站等供水设施设计前所进行的需水量预测，沿用以前常用的指标分析法即可满足要求。

⑤ 对于旧设施改造前所进行的需水量预测，在用水结构变化不大且用水量历史数据具有明显的趋势性时，宜根据历史数据建立趋势模型，预测出服务期限内的需水量。该方法较指标分析法针对性更强、预测值更准确，且计算方法也很简单。不过在前面条件不能满足时，还应采用指标分析法。

④

离心泵系统优化运行控制

在已知水泵机组的出水流量和压力的基础上,确定水泵机组的最佳运行组合方案,使水泵运行费用最低,即为优化调度问题,此为实现优化运行控制的第二步。

泵优化调度是根据需求,决定泵站机组的最佳运行组合方案。传统观念认为,这样可以使水泵机组耗能降低,进而降低运行费用,而且使用该方法甚至不用改变当前的设施就能取得较好的效果。因此引起了很多学者的重视,构建了优化调度模型。

能够实现优化调度的结果,并且保证泵系统能稳定地执行调节过程,对控制系统进行优化设计即为实现优化运行控制的第三步。实现由优化调度产生的结果,并且保证水泵在调节过程中稳定运行则是控制系统的工作目标,此过程的实现需要对水泵控制系统进行一定的优化设计。

4.1 离心泵调度控制

调度模型是按照一定的优化准则建立的。常见的优化运行准则有水泵效率最高准则、系统效率最高准则、耗电量最少准则、运行费用最低准则等。实际上,可以发现各优化准则不是互相孤立的,而是互相联系的,但其主要的核心目的都是降低运行费用。

4.1.1 常规调度模型

大部分离心泵系统的运行费用主要包括能源费用和维护费用,因此在目标函数中应包括这两种因素。

(1)能源费用模型

调度模型的应用主要分为两种情况:一种是用于一个调度周期内各个水

泵运行工况的确定,另一种是用于水泵控制目标的形成。

对于第一种情况,目标函数主要是一段时间内的电费总和。其目标函数可以表示为

$$E = \sum_{i=1}^{I} \sum_{t=1}^{T} (E_{\mathrm{R}it}) C Q_{it} (H_{\mathrm{st}it}) \tag{4-1}$$

式中:E 为在 T 段时间内的总电量;I 为水泵的数量;T 为时间总长;$E_{\mathrm{R}it}$ 为第 i 号泵的电气效率;C 为系统效率;Q_{it} 和 $H_{\mathrm{st}it}$ 分别为泵系统的流量和扬程输出。

对于第二种情况,目标函数主要是轴功率的总和。为了更真实地反映实际情况,也有些模型将变频器和电机的效率考虑其中。因此,可表示为

$$J = \sum_{i=1}^{I} w_i P_i (Q_i, k_i) \tag{4-2}$$

式中:J 为泵机组中的轴功率总和;I 为水泵的数量;w_i 为泵启停运行状态量;Q_i, k_i 分别为第 i 号泵的工作流量和调速比;P_i 为第 i 号泵在该工况下所需要的轴功率,可表示为如式(4-3)的函数。

$$P(Q, k) = p_0 k^3 + p_1 k^2 Q + p_2 k Q^2 + p_3 Q^3 \tag{4-3}$$

式中:p_0, p_1, p_2, p_3 为最小二乘多项式的拟合系数。

（2）维护费用模型

泵启停时会对水泵造成较大的磨损,直接影响电机和泵的寿命,同时频繁地启停也会对给水管路和电力系统的安全构成极大的隐患,因此可将泵的切换次数作为描述水泵维护费用的目标函数。可采用状态量之间的距离来计算水泵的启停切换动作次数,其目标函数可表示为

$$d = \sum_{t=1}^{T} \sum_{i=1}^{I} | w_{it} - w_{i(t-1)} | \tag{4-4}$$

该模型是针对一段时间内的调度计划,主要目标是在时间 T 内,使得泵总切换次数最少。

针对优化控制的调度模型,有

$$d_{\mathrm{H}}(w, w') = \sum_{i=1}^{n} | w_i - w_i' | \tag{4-5}$$

对于泵的调度模型,要确保一方面能够完成工作满足供水的需求,另一方面则需要泵尽可能地工作在高效区,因此模型往往将其作为约束条件。

一般情况下,水泵的性能可由扬程-流量（H_{N}-Q_{N}）、轴功率-流量（P_{N}-Q_{N}）、效率-流量（η-Q_{N}）曲线来描述,其中

$$H_{\mathrm{N}} = a_0 + a_1 Q_{\mathrm{N}} + a_2 Q_{\mathrm{N}}^2 + a_3 Q_{\mathrm{N}}^3$$

$$P_{\mathrm{N}} = d_0 + d_1 Q_{\mathrm{N}} + d_2 Q_{\mathrm{N}}^2 + d_3 Q_{\mathrm{N}}^3$$

式中:$a_0, a_1, a_2, a_3, d_0, d_1, d_2, d_3$ 为拟合系数;$Q_{\mathrm{N}}, H_{\mathrm{N}}, P_{\mathrm{N}}$ 为基本性能曲线上

的点。同样,也可以拟合出流量-扬程的反函数,即

$$Q_N = b_0 + b_1 H_N + b_2 H_N^2 + b_3 H_N^3$$

式中:b_0,b_1,b_2,b_3 为拟合系数。

根据水泵相似定律 $\dfrac{Q}{Q_N} = s$,$\dfrac{H}{H_N} = s^2$,$\dfrac{P}{P_N} = s^3$(s 为转速比),则调速时水泵的性能曲线为

$$H = a_0 s^2 + a_1 Q s + a_2 Q^2 + a_3 \frac{Q^3}{s}$$

$$P = d_0 s^3 + d_1 Q s^2 + d_2 Q^2 s + d_3 Q^3 \tag{4-6}$$

$$Q = b_0 s + \frac{b_1}{s} H + \frac{b_2}{s^3} H^2 + \frac{b_3}{s^5} H^3$$

理论上,调速泵应工作在高效区,如图 4.1 所示。事实上,当调速范围过大时,水泵自身的效率将降低。考虑水泵运行特性和汽蚀性能方面的要求,水泵的转速比 s 的范围一般取为 $[s_{min}, s_{max}]$。由于水泵转速一般不能在额定转速以上调速,通常取 $s_{max} = 1$,即 $s \in [s_{min}, 1]$。

图 4.1 中,设点 A,B 分别是某台调速泵基本性能曲线上高效段的左、右端点,点 A_{min},B_{min} 分别是该泵在最低转速下性能曲线上高效段的左、右端点,则该调速泵的高效区是由曲线 AB、曲线 $A_{min} B_{min}$ 及相似工况抛物线 l_1 和 l_2 所围成的区域。

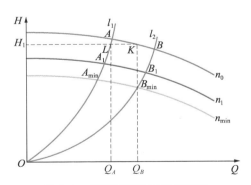

图 4.1 调速泵高效区工作范围

相似工况抛物线 l_1 和 l_2 的方程为

$$H_{l_1} = \frac{H_A}{Q_A^2} Q^2 \quad \text{和} \quad H_{l_2} = \frac{H_B}{Q_B^2} Q^2$$

由泵产品手册可知其基本性能曲线,A,B 两点对应的水泵高效区流量范围为 $[Q_A, Q_B]$。设水泵应提供的扬程为 H_t,则高效区流量范围可由下式

确定：

$$Q_{\min} = \begin{cases} \sqrt{\dfrac{H_t}{H_A}} Q_A, H_t \geqslant H_{A\min} \\ b_0 s_{\min} + \dfrac{b_1}{s_{\min}} H_t + \dfrac{b_2}{s_{\min}^3} H_t^2 + \dfrac{b_3}{s_{\min}^5} H_t^3, H_t \leqslant H_{A\min} \end{cases}$$

$$Q_{\max} = \begin{cases} b_0 + b_1 H_t + b_2 H_t^2 + b_3 H_t^3, H_t \geqslant H_B \\ \sqrt{\dfrac{H_t}{H_B}} Q_B, H_t \leqslant H_B \end{cases}$$

以轴功率最小为优化调度目标，现假设泵站有 n 台水泵，其中第 1 台到第 m 台为恒速泵，第 $m+1$ 到第 n 台为调速泵，已知供水指标 (Q_t, H_t)，则优化问题可以描述为寻求水泵的并联运行组合及各并联变频调速泵的调速比，使并联后的水泵特性经过 Q-H 平面上的给定点 (Q_t, H_t) 并使消耗的轴功率最小。于是，优化问题的数学模型为

$$J = \min\Big\{ \sum_{i=1}^{m} w_i(d_{0i} + d_{1i}Q_i + d_{2i}Q_i^2 + d_{3i}Q_i^3) + \\ \sum_{m+1}^{n} w_i(d_{0i}s^3 + d_{1i}Q_i s^2 + d_{2i}Q_i^2 s + d_{3i}Q_i^3) \Big\}$$

边界条件：

$$Q_t = \sum_{i=1}^{n} w_i Q_i$$
$$H_t = H_1 = H_2 = \cdots = H_n = a_{0i}s_i^2 + a_{1i}Q_i s_i + a_{2i}Q_i^2 + a_{3i}Q_i^3/s_i$$
$$Q_{i\min} \leqslant Q_i \leqslant Q_{i\max}, i = 1, 2, \cdots, n \qquad (4\text{-}7)$$
$$s_i = 1, i = 1, 2, \cdots, m$$
$$s_{i\min} \leqslant s_i \leqslant 1, i = m+1, m+2, \cdots, n$$
$$w_i \in \{0, 1\}, i = 1, 2, \cdots, n$$

式中：Q_i，s_i，d_{ji}，a_{ji}（$j = 0, 1, 2, 3$）分别为第 i 台水泵的流量、转速比、轴功率-流量拟合曲线和扬程-流量拟合曲线的系数。

4.1.2　计及运行状态的水泵目标模型建立

振动一直是困扰机械行业的重要问题，对泵行业也是如此。振动会给系统的正常运行和安全生产等带来一系列的问题，如加速定转子之间的磨损，损坏轴承以及密封部分，造成某些紧固件的断裂和松脱等，有很多水泵故障都与其有着不可分割的联系。因此，很多用户通过定期维护来降低振级，以减少故障的发生概率。同时，也有些工程师将振动作为表征水泵运行健康

程度的指标[86-89]。

泵的振动发生在运行过程中,因此振动反映了泵运行的健康程度,振动越小,对设备的磨损就越小,寿命越长,运行可靠性也越高,而维护费用就相对越低。

本节的主要目的是基于振动量化影响运行可靠性和磨损的因素,建立能够反映泵运行状态的目标函数,并将此应用于泵优化控制中,使得泵能够运行在振级较低的工况,以满足运行过程中可靠性高、维护费用低的要求。

(1) 离心泵振动特性

导致泵产生振动的原因很多,这些因素之间既有联系又相互作用,概括起来,与运行工况相关的主要因素有机械原因和水力原因。

作为旋转机械的离心泵,不平衡和偏差是始终存在的,这些会导致泵振动。这些由于不平衡引起的振动,其激励的大小除了与不平衡的程度有关外,也与加载负载有关,而负载大小是与运行工况直接相关的。机械原因产生的振动还包括水泵临界转速与机组固有频率相近而产生的共振。这种振动不但与水泵本身的结构有关,还与转速有关。

此外还有,泵进口流速和压力分布的不均匀,泵进出口的压力脉动、过流部件的流体绕流、偏流和脱流,非额定工况下的汽蚀等,都是常见的引起泵机组振动的原因[88]。

阀门调节和变速调节是离心泵中最常见的调节方法,本书主要采用这两种调节方法分析离心泵的振动特性。

① 节流调节时泵的振动特性

通常泵中的振动可分为自由振动、受迫振动和自激振动。相对于受迫振动和自激振动,自由振动在泵运行中的作用不太明显,而自激振动则是在泵设计和运行中需要避免的,对于正常工作的泵也是不易发生的。因此,对泵振动特性的研究可以通过对作用在泵转子上不平衡力的研究来实现。

图 4.2 是 Vorhoeven 对 47 台多级泵所受的流体力进行研究总结得到的曲线[88],其中横坐标表示设计点流量的倍数,纵坐标表示无量纲力,其可用下式表示:

$$K = \frac{F}{\rho g H D_2 b_2}$$

式中:F 为相关流体力;ρ 为流体密度;H 为水泵扬程;D_2 为水泵叶轮出口直径;b_2 为叶片出口宽度。

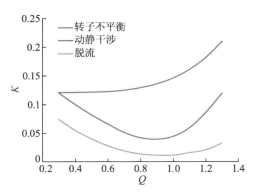

图 4.2 作用在叶轮上的几种不同的流体力(无量纲)

从图 4.2 可以看出,与叶轮叶片流动脱流、叶轮与泵体动-静部件干涉产生的流体力相比,不平衡所引起的力是最大的,不会因为是在设计工况点运行就变小,其变化与水泵的负载有关,会随着负载的增大而增大。当水泵运行在部分负载下,该力的大小相对较为稳定,而随着负载的增加该力也缓慢增加;当负载超过设计工况时,随着负载的增加该力迅速增加。

泵内的脱流、动静干涉是由流动的不稳定性造成的,且与当前运行工况下的流态相关,当水泵运行在设计工况附近时($0.8Q_{BEP}\sim1.0Q_{BEP}$),叶片对流动的控制能力较强,此时流动中的脱流、动静干涉程度较弱,即产生的激振力也较小。当水泵运行在部分负载和大流量时,随着工况的偏移,激振力逐渐增大。其中对振动影响较大的动静干涉产生的激振力在大流量区和小流量区都随着工况的偏移明显增加,在大流量区的变化相对更加剧烈。脱流作用产生的激振力在小流量区比较明显。

综上所述,当转速不变时,离心泵的振动强度随流量变化的理想曲线应为一条特殊的"浴缸型"曲线。该曲线的底部为一个狭窄的区域,即为 0.8~1.0 倍的设计流量工况区域。在此区域振动强度较低,最低点也存在于这个区域。左侧和右侧区域的曲线随着底部区域的远离而逐渐升高,并且右侧区域的变化率要大于左侧区域的变化率。

这种浴缸型曲线在很多研究中都有所提及。图 4.3 所示为某模型泵的振动试验数据[88],该试验采用了压电式加速度传感器测量,再通过均方根方法处理所得的结果,其中在泵盖板上测得的值记为 pc,在轴承的三个方向上测得的值标记为 BX,BY,BZ。相似的结果也能在 Robert[89] 的工作中发现。

因此,振动强度与泵工作流量的关系可通过一个三阶或四阶的多项式函数来表示,即可通过应用最小二乘法对试验测得的振动数据和流量进行拟合,得到比较精确的多项式函数,即

$$V = \overline{v}_0 + \overline{v}_1 Q + \overline{v}_2 Q^2 + \overline{v}_3 Q^3 \qquad (4\text{-}8)$$

式中：V 为振动强度；Q 为流量；$\overline{v}_i$ 为相关拟合系数。

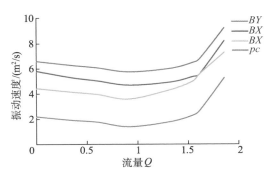

图 4.3　某模型泵的振动试验数据

② 转速调节时泵的振动特性

根据相似定律，在相似工况下，泵内流体的流动具有一定的相似性，因此由流动产生的激振力随工况变化的规律几乎不会发生变化。但是由于在不同转速时，流动不稳定的强度不同，因而在相似工况的振动强度也不同。

由机械原因产生的激振力与转子的不平衡程度和负载的大小有关，对于相同的水泵，其不平衡程度是不变的；对于相似的运行工况，其负载也满足相似定律。综上所述，由机械原因产生的激振力不会随工况的变化而改变，但若负载大小不同，相似工况下泵的振动强度也就不同。因此，在不同转速运行下的泵，在满足相似定律的前提下，其振动强度随工况变化的趋势亦具有一定的相似性。

图 4.4 所示为某一个型号的化工泵在不同转速下的振动测试结果[15]，图中不同转速下的振动强度随工况变化的趋势总体上具有一定的相似性。

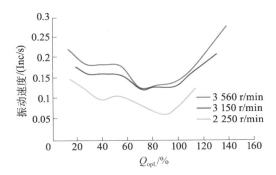

图 4.4　某化工泵在不同转速下的振动试验数据

　　所有的压力都可以表示为压强与受力面积的乘积,因此泵内的压力也具有一定的相似性,即表示为 $F\sim n^2\times d^4$。对一个给定的泵,由流动产生的激振力是随着转速的平方增加的,因此该力所引起的振动也是随着转速的平方而增加的。

　　图 4.5 所示为某泵分别在阀门调节和变速调节运行下的泵振动规律[8],其中在变速调节时背压接近 0。

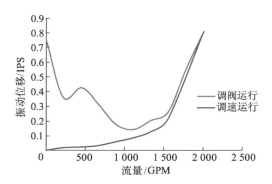

图 4.5　某泵分别在阀门调节和变速调节运行下的振动规律

　　由图 4.5 可知,当泵进行调速运行时,振动强度随流量变化的关系接近抛物线,即二者约为平方的关系。由于变速调节是在背压为 0 的条件下测得的,因此可认为水泵几乎沿着相似抛物线运行,即此时可认为各个工况是相似工况。基于此,可近似认为泵的振动强度在一定范围内也遵循转速相似定律,即

$$\frac{V(n_1)}{V(n_2)} = \frac{n_1^2}{n_2^2} \tag{4-9}$$

　　(2) 离心泵运行过程中维护费用的数学模型

　　在泵机组的制造和安装过程中,会尽可能采取有效技术措施消除因振动造成的干扰,但实际在泵运行过程中,低强度的振动是不可避免的,而这些振动会加重轴承、密封的磨损,导致如加固件松动等问题的产生,并且随着振动强度的增加而加剧。要解决这些问题就需要日常维护,这些也是平时维护的主要内容。通过对泵机组进行合理设计、优化运行及科学管理,使得泵的振动强度尽可能低,这样,系统在运行时,设备的磨损就会减小,而相应的日常维护费用也会较低,同时,运行的可靠性就会提高。

　　① 运行状态指标

　　振动强度可通过下式进行归一化。

$$R = \left[1 - (V/V_{\max})\right] + C \qquad (4\text{-}10)$$

式中：V 为某工况的振动强度值；$V_{\max}$ 是运行范围内最大的振动强度值；C 为常数；R 可认为是运行过程中相对状态指标，若用来保证当水泵运行在最低振动强度时，R 为 1。

根据式(4-10)，R 的取值范围从 0 至 1，当 R 为 0 时，并非意味着可靠性为零，而是表明不建议泵运行在这个工况下；当 R 为 1 时，则意味着此时运行的工况较优。对于不同的泵，比较 R 值是没什么意义的，R 主要是针对同一泵进行工况优选时使用的。

② 基于运行状态指标的目标模型

a. 单泵模型

对于某台固定的泵，当运行在额定转速时，数学模型可以通过一组振动强度和流量之间的关系来建立，其中泵的振动强度可以用振动速度、振动位移 RMS 或峰–峰值表示，然后通过与最小振动强度值相除进行归一化处理，最后将该曲线通过最小二乘法拟合为如式(4-8)的三阶或四阶多项式函数。

当泵运行在其他转速 n 时，根据式(4-8)和式(4-9)，其关系可表示为

$$\frac{V(n)}{V(n_0)} = \frac{V(n)}{v_0 + v_1 Q(n_0) + v_2 Q^2(n_0) + v_3 Q^3(n_0)} = \frac{n^2}{n_0^2}$$

$$V(n) = \frac{n^2}{n_0^2}\left[v_0 + v_1 Q(n_0) + v_2 Q^2(n_0) + v_3 Q^3(n_0)\right]$$

当假设 $k = \dfrac{n}{n_0}$ 时，可转换为

$$V(n) = \frac{n^2}{n_0^2}\left\{v_0 + v_1\left[Q(n) \times \frac{n_0}{n}\right] + v_2\left[Q(n) \times \frac{n_0}{n}\right]^2 + v_3\left[Q(n) \times \frac{n_0}{n}\right]^3\right\}$$

$$= k^2 v_0 + k v_1 Q(n) + v_2 Q^2(n) + k^{-1} v_3 Q^3(n) \qquad (4\text{-}11)$$

根据式(4-8)，单泵的运行可靠性可表示为

$$R_{\text{sig}} = \left(1 - \frac{V(n, Q)}{V_{\max}}\right) + \frac{V_{\min}}{V_{\max}} \qquad (4\text{-}12)$$

如式(4-12)所示，R_{sig} 为 Q 和 n 的函数，其数值越大，说明振动强度越低，即在该工况下对泵的磨损较小，因此可认为维护费用较低。故将该式作为泵运行过程中维护其损耗的目标函数。

b. 多泵模型

泵调度主要是针对多泵系统，相对于单泵，在表示多泵系统运行状态时，应该具有以下特征：

(ⅰ) 具有一定范围。只考虑正在运行的泵，不包括不运行的泵。

(ⅱ) 具有针对性。不同装机容量泵的维护费用等是不同的，在模型中应该

有所体现。

（ⅲ）具有统一性。单泵模型的目标函数值在 0 至 1 之间，考虑到与单泵模型的统一，多泵模型的目标函数值也应在 0 至 1 之间。

针对上述特征，采用以下方法：

（ⅰ）采用以"0"或"1"为主要元素的开关向量来表示泵运行状态。当泵运行时，状态为"1"，此时该泵运行特征被计入模型；当泵停机时，状态为"0"，即有关泵运行特性的数值被清零，不计入模型。

（ⅱ）泵的维护成本通常和装机容量相关，装机容量越大，其维护成本就越高。因此，将单机装机容量与总装机容量的比值作为维护费用的权值。这样，一方面解决了不同装机容量维护成本不同的问题，另一方面也可保证总目标的函数值在 0 至 1 之间，实现了多泵模型与单泵模型的统一。

根据上述结论，装机数量为 k 的多泵系统，其运行过程中的维护成本可表示为

$$R = \sum_{i=1}^{k} \frac{w_i \varphi_i R_{\text{sigi}}}{w_i \varphi_i} \tag{4-13}$$

式中：$w_i \in \{0,1\}$，$i = 1, 2, \cdots, k$，为泵运行的状态量，"1"代表水泵正在运行，而"0"代表泵停机；$\varphi_i = \dfrac{N_{\text{di}}}{N_{\text{dT}}}$，$i = 1, 2, \cdots, k$，为泵装机容量权值，其中 N_{dT} 为总装机容量，N_{di} 为第 i 台泵的装机容量。

③ 无试验数据条件下的建模方法

随着人们对环境和可靠性要求的增加，在很多应用环境中，特别是在工艺流程中和大型水泵的应用环境中，需要对水泵装置进行振动测试，以确保其振动不超过要求值。然而振动曲线不像泵特性曲线，因为没有强制性标准要求，一些泵系统没有相关的振动数据，因此需要别的方法来建立该模型。

尽管可能不知道具体的振动数据，但仍然可以建立相关模型，这是因为对于符合标准的泵系统，需要满足一些强制性的标准，如 API610[90] 中表示的关于允许的振幅标准。在标准中，将振动范围界定为首选工作范围和允许的工作范围。在首选工作范围内，小于最大振动幅度的 10%，而在允许的工作范围内，允许小于最大振动幅度的 30%。对于某台泵而言，其最佳允许范围和允许的工作范围都是已知的。根据 API610 所提供的振动随流量变化的曲线（见图 4.6），即可建立简化的模型[86]。

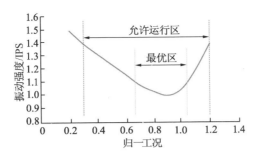

图 4.6   振动随流量变化的标准曲线

4.1.3   计及变频器切换的调度模型

目前,我国采用变频调速的泵系统大多数采用单变频配置方式,即泵站中只有一台泵(配变频器)变速运行,其余泵则恒速运行,为了便于管理维护,通常采用的是同一型号的水泵,但这种模式不利于流量调节,往往导致水泵运行效率偏低。实际上,单调速方案通过水泵机组的大小组合是可以提高运行效率的,而此时就面临变速泵的选择问题。若选择大泵,则调节能力较强;而选择小泵,在进行微调时,运行效率较高。因此,若能够实现变频器在二者之间进行切换,就可以顺利解决上述问题。

同时,使用变频器进行水泵间的切换,可以实现水泵的软启停,使得水泵维护费用降低,对水泵系统安全运行有重要意义。

多泵供水是最常见的供水方案,普遍采用变频器循环控制方式。在小流量用水工况下,变频器带一台水泵运行,随着用水量的变化,调整水泵的转速,实现恒压供水;当用水量增大,变频器达到 50 Hz 时,变频器发出指令,使该变频泵切换到工频,同时使变频器带动下一台水泵变频软启动运行。随用水量增大,以后各台水泵的软启动依此类推。当用水量减小时,先停转工频运行的水泵。这种技术目前应用较为广泛,也较为成熟。

当变频器能"一带多"运行时,每台泵都能够成为变速泵。若直接采用多模型切换的方式,就需要针对每台泵建立相应的轴功率模型、切换次数模型,以及相应的约束条件,这样就会给调度模型的求解造成一定的困难,大大降低求解速度。但对于单变频配置的泵系统,一般只有两种到三种类型的水泵。由于可认为相同的水泵特性相同,因此可根据水泵的类型建立模型。其求解流程如图 4.7 所示。

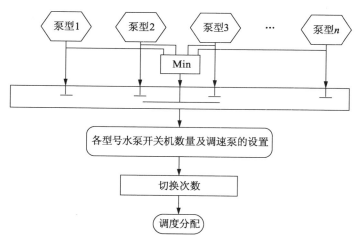

图 4.7　计及变频器切换调度模型

假设在某泵系统中,有两种型号的泵——泵 a 和泵 b,数量分别为 m,n 台,则不同类型的水泵切换模型可表示为

$$J_1 = \min\left\{ \sum_{i=1}^{2} c_i (d_{01} + d_{1i}Q_i + d_{2i}Q_i^2 + d_{3i}Q_i^3) + v_1 (d_{01}k^3 + d_{11}Q_{31}k^2 + d_{21}Q_{31}^2 k + d_{31}Q_{31}^3) \right\}$$

边界条件:

$$Q_t = \sum_{i=1}^{2} c_i Q_i + v_1 Q_{31}$$

$$H_t = H_1 = H_2 = H_{1v}$$

$$Q_{\min i} \leqslant Q_i \leqslant Q_{\max i}, Q_{\min 1v} \leqslant Q_{31} \leqslant Q_{\max 1v}, i = 1,2,3$$

$$k_{\min 1} \leqslant k \leqslant 1$$

$$0 \leqslant c_1 \leqslant m-1, 0 \leqslant c_2 \leqslant n, 0 \leqslant v_1 \leqslant 1, \in \mathbf{N}$$

$$J_2 = \min\left\{ \sum_{i=1}^{2} c_i (d_{01} + d_{1i}Q_i + d_{2i}Q_i^2 + d_{3i}Q_i^3) + v_2 (d_{02}k^3 + d_{12}Q_{32}k^2 + d_{22}Q_{32}^2 k + d_{31}Q_{32}^3) \right\}$$

边界条件:

$$Q_t = \sum_{i=1}^{2} c_i Q_i + v_2 Q_{32}$$

$$H_t = H_1 = H_2 = H_{2v}$$

$$Q_{\min i} \leqslant Q_i \leqslant Q_{\max i}, Q_{\min 1v} \leqslant Q_{32} \leqslant Q_{\max 1v}, i = 1,2,3$$

$$k_{\min 2} \leqslant k \leqslant 1$$

$$0 \leqslant c_1 \leqslant m, 0 \leqslant c_2 \leqslant n-1, 0 \leqslant v_2 \leqslant 1, \in \mathbf{N}$$

$$J = \min(J_1, J_2)$$

首先对上述两组模型求解,可得最佳的节能运行状态。然后在最佳运行状态的基础上,对具体水泵的运行状态进行分配。在分配时,需要考虑水泵使用最简单的控制操作就能完成工况调节。衡量的指标模型可表示为

$$\min \left\{ d = \sum_{t=1}^{T} \sum_{i=1}^{I} \left| w_{it} - w_{i(t-1)} \right| \right\}$$

4.1.4　调度模型中的计算方法

目前,国内外泵站优化运行模型的求解大多数是基于非线性规划、动态规划算法,如离散动态规划法、变尺度约束法等。由于模型中含有非线性等式、不等式约束,以及不等式约束混合离散变量,这些求解方法既烦琐又难以保证得到全局最优解。近年来迅速发展起来的遗传算法作为一种高效、实用的自适应并行优化算法,通过模拟自然界生命进化机制来达到全局寻优的目的。它不要求被优化问题的目标函数具有连续性、可微性等假设,只要求被优化问题是可计算的,尤其适合解决传统优化方法难于解决的问题。因此,遗传算法较适合于求解此类优化模型。

遗传算法的思想是基于达尔文的进化论和蒙德尔的遗传学原理。达尔文的进化论认为:每一物种在不断发展中越来越适应环境,只有最适个体将进一步生存、再生,将遗传物质传递给子代,而不适者将被迫淘汰,那些更能适应环境的个体特征被保留下来,这就是适者生存的原理。蒙德尔的遗传学原理认为:遗传是通过细胞中的遗传密码进行的,遗传密码封装于细胞之中,并以基因的形式包含在染色体中。每个基因有特定的位置并控制某个特殊的性质,每个基因产生的个体对环境有一定的适应性。基因的杂交和变异产生更适应环境的子代,通过优胜劣汰的自然选择,对环境适应值高的基因结构被保留下来。

因此,遗传算法在求解一个优化问题时,将操作变量(自变量)表示成"染色体",选择一群"染色体"——个体,将它们置于问题的"环境"(约束)中,对它们进行交叉、变异、再生等"基因操作",淘汰对环境适应性差的"染色体",保留对环境适应值高的"染色体",反复操作,筛选出最适个体,从而求出问题的解。它是模仿生物的遗传和进化的过程而得出的一种随机优化方法,对非线性、多极值的寻优来说是一种有效方法。

（1）基本遗传算法实施的主要步骤（见图4.8）

① 对研究的变量和对象进行编码（形成字符串），并随机建立一个初始的群体。

② 计算群体中逐个个体的适应度，对应译码过程，将编码解释生成适应度函数值。通过适应度构成优胜劣汰、适者生存的"自然环境"。

③ 执行产生新的群体的操作。

复制：选择父代。将适应度高的个体复制后添加到新的群体中，删除适应度低的个体。

交叉：随机选出个体对，进行片段交叉换位，产生新个体对。

变异：随机地改变某个个体的某个字符，从而得到新的个体。这样可能产生适应度值更高即更加优良的种群。

④ 根据某种条件判断计算过程是否可以结束，如果不满足则返回到步骤②，直到满足结束条件为止。这样就找到了问题的最优解。

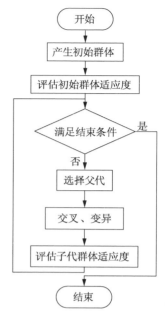

图 4.8　基本遗传算法流程图

明确了上述算法的基本原理后，在实际应用遗传算法解决工程问题时，可自己编程实现，也可利用一些遗传算法工具箱求解。

（2）应用遗传算法的优点

① 遗传算法适合数值求解那些带有多参数、多变量、多目标和在多区域但连通性较差的 NP-hard 优化问题。多参数、多变量的 NP-hard 优化问题通过解析求解或计算求最优解的可能性很小，这类问题主要依赖于数值求解。遗传算法是一种数值求解的方法，也是一种普适性的方法，对目标函数的性质几乎没有要求，甚至都不一定要显式地写出目标函数。遗传算法所具有的特点是记录一个群体，它可以记录多个解，而局部搜索、禁忌搜索和模拟退火仅仅记录一个解，这多个解的进化过程正好适合多目标优化问题的求解。

② 遗传算法在求解很多组合优化问题时，不需要有很强的技巧和对问题有非常深入的了解。如排序（scheduling）、路线调度问题，如果不用这些普适性的算法（如禁忌搜索、模拟退火和遗传算法等）而采用其他的针对问题而设计的算法，要得到一个比较好的解，其算法的设计技巧需非常强。遗传算法在给问题的决策变量编码后，其计算过程是比较简单的，且可以较快得到一个满意解。

③ 遗传算法与求解问题的其他启发式算法有较好的兼容性。例如，可以用其他的算法求初始解；在每一群体，可以用其他的方法求解下一代新群体。

（3）应用遗传算法求解离心泵系统优化运行的数学模型的主要步骤

① 准备好初始数据,包括各台泵的转速、流量及各部分的基本参数,将这些数据直接输入计算程序中。

② 利用随机数发生器构造出由 M 个个体组成的初始群体,每个个体都包括一整套需要求解的参数,用一个 $M \times n$ 维的数组来存放。

③ 对初始群体进行各约束条件计算和能耗计算,根据各适应度函数计算各个体的适应度值,然后根据各个体适应度值的大小对个体进行优选。若满足算法终止规则,输出结果;若不满足,则进行下一步操作。

④ 对群体进行选择、交叉、变异操作,从而产生新一代群体,再对新群体进行第③步操作;判断是否满足约束条件要求,若不满足,则调整转速。

其基本计算流程如图 4.9 所示。

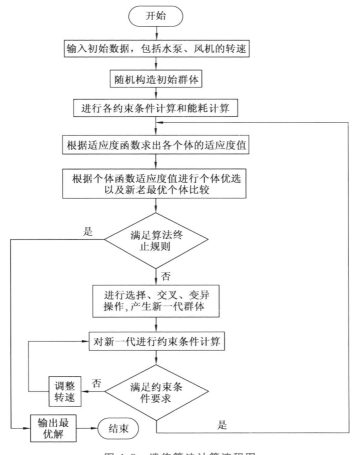

图 4.9　遗传算法计算流程图

4.1.5 仿真试验分析

仿真对象为一循环水泵站,该泵站主要由 5 台两种型号的单级双吸式离心泵组成,其配置参数如表 4.1 所示。其中,1♯泵和 2♯泵为变速水泵,其最大调速比分别为 0.7 和 0.75。

各水泵性能特性如表 4.2 所示,其振动特性通过归一处理后如表 4.3 所示。

表 4.1　水泵模型的设计参数

泵序号	泵型	$Q_{den}/$ (m^3/h)	$H_{den}/$ m	$Q_{min}/$ (m^3/h)	$Q_{max}/$ (m^3/h)	$n/$ (r/min)
1♯	14SH-9B	1 425	58	855	1 853	1 450
2♯	20SA-10	2 850	58	1 710	4 200	960
3♯	20SA-10	2 850	58	2 000	4 200	960
4♯	20SA-10	2 850	58	2 000	4 200	960
5♯	20SA-10	2 850	58	2 000	4 200	960

表 4.2　水泵模型的性能特性

泵序号	$H=H_x-SQ^2$	
	H_x	S
1♯	$71.17k_1^2$	7.488×10^{-6}
2♯	$70.39k_2^2$	1.780×10^{-6}
3♯	70.39	1.780×10^{-6}
4♯	70.39	1.780×10^{-6}
5♯	70.39	1.780×10^{-6}

泵序号	$P=P_0+P_1Q+P_2Q^2+P_3Q^3$			
	P_0	P_1	P_2	P_3
1♯	$146.4k_1^3$	$0.05k_1^2$	$4.4\times10^{-6}k_1$	-1.44×10^{-9}
2♯	$230.5k_2^3$	$0.102\,5k_2^2$	$5.826\times10^{-6}k_2$	-2.1×10^{-9}
3♯	230.5	0.102 5	5.826×10^{-6}	-2.1×10^{-9}
4♯	230.5	0.102 5	5.826×10^{-6}	-2.1×10^{-9}
5♯	230.5	0.102 5	5.826×10^{-6}	-2.1×10^{-9}

表 4.3 水泵模型的振动特性

泵序号	$V = V_0 + V_1 Q + V_2 Q^2 + V_3 Q^3$			
	V_0	V_1	V_2	V_3
1#	$7.696 \times 10^{-10} k_1^2$	$-1.57 \times 10^{-6} k_1$	3.84×10^{-4}	$1.483 k_1^{-1}$
2#	$9.62 \times 10^{-11} k_2^2$	$-3.936 \times 10^{-7} k_2$	1.92×10^{-4}	$1.483 k_2^{-1}$
3#	9.62×10^{-11}	-3.936×10^{-7}	1.92×10^{-4}	1.483
4#	9.62×10^{-11}	-3.936×10^{-7}	1.92×10^{-4}	1.483
5#	9.62×10^{-11}	-3.936×10^{-7}	1.92×10^{-4}	1.483

该系统的日需求特性如图 4.10 所示。

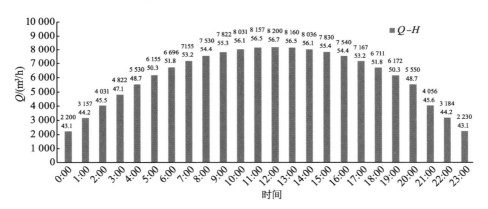

图 4.10 泵站日需求特性

本节主要采用多目标遗传算法来求解该问题,求解过程如图 4.9 所示。其求解结果如图 4.11 至图 4.13 所示,其中 A 为传统的调度模型,B 为计及运行过程磨损的新模型。

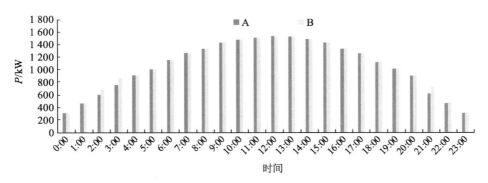

图 4.11 能耗对比

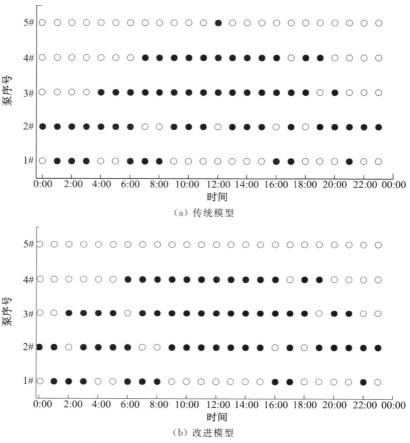

（a）传统模型

（b）改进模型

图 4.12　两种模型的启停状态（实心表示开启）

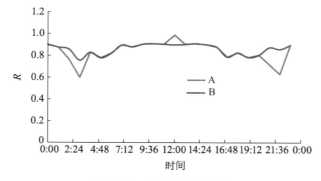

图 4.13　可靠性指标对比

根据图 4.11 至图 4.13 所示，轴功率的结果在这两个不同优化函数中于相同供水指标下几乎相当,但在某些情况下,改进的模型轴功率值略高。这种情况可能是某台泵并没有运行在低振动工况,而是运行在一些大流量下,这样在总体上可能会比较节能,但对于该泵,其可靠性会相对降低。因此,新的模型对一些总体能耗低而某些单机存在不合理工况的情况有修正作用,这样就能在总体上保证水泵运行在最佳的工况点。

从节能的角度出发,只将能源成本作为主要目标可能会获得较好的结果。然而,综合考虑到水泵系统整个运行成本时,计及运行过程的损耗,则可以更好地优化单机水泵的工况。

计及变频器切换的调度模型的仿真实验仍然采用上述泵系统,仿真方案设定如下:

① 单调速模型。设定 2♯ 泵为调速泵,采用常规调度模型进行分析。

② 计及变频器切换的模型。采用切换模型进行求解。

③ 双调速模型。将 1♯ 泵与 2♯ 泵都设定为调速泵。采用常规调度模型求解。

其计算结果如图 4.14 至图 4.17 所示。

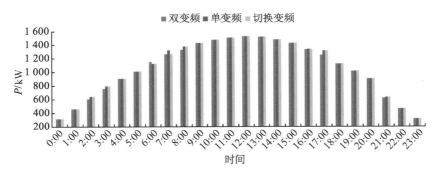

图 4.14 多模型轴功率值

由图 4.14 至图 4.17 可知,在相同的供水指标下其轴功率的结果是,采用单变频器切换的系统,其节能效果居于双变频和单变频配置之间,但运行中的启停数增加,由于需要进行变频器的切换,其状态改变相对较为频繁,考虑到其采用软启动的方式,因此可认为对机器寿命的影响较小。若考虑到变频设备配置的成本,单变频器切换系统配置具有较高的性价比。

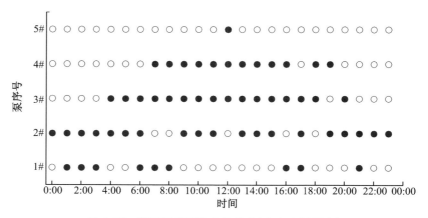

图 4.15　双变频模型的启停状态(实心表示开启)

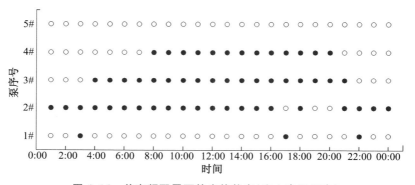

图 4.16　单变频配置下的启停状态(实心表示开启)

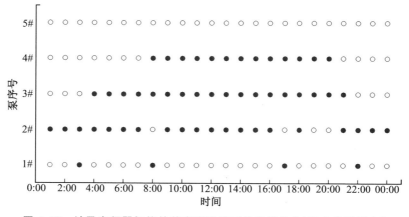

图 4.17　计及变频器切换的单变频配置下的启停状态(实心表示开启)

4.2 泵系统变频调速控制模型及控制器设计

4.2.1 理论模型

(1) 泵系统中管路模型分析

① 管路模型

在供水管路中,水的传输是通过管道来实现的。当水通过管路传输时,存在水力损失和流体惯性等特点。其数学模型可表示为[91]

$$A(p_i - p_o - p_d) = \rho V \frac{\mathrm{d}}{\mathrm{d}t}\left(\frac{Q}{A}\right) \tag{4-14}$$

式中:p_i 为管路的进口压力,Pa;p_o 为管路的出口压力,Pa;p_d 为因管阻所损耗的压力,Pa;A 为管路的截面积,m^2;V 为管路中过水断面面积(当水充满管路时与 A 相等),m^2;Q 为通过管路的流量,m^3/s;ρ 为流体密度,kg/m^3。

假设在流动中,流体是不可压缩的,且管路的刚性较大,则可将管路中由于管阻而产生的压力损耗表示为

$$p_d = K \cdot Q^2 \tag{4-15}$$

式中:K 为阻力系数,可以通过查阅相关手册得出[85]。

假设水充满管路,综合式(4-14)和式(4-15)得

$$\frac{\mathrm{d}Q}{\mathrm{d}t} = K_1(p_i - p_o - K \cdot Q|Q|) \tag{4-16}$$

式中:K_1 为水惯性系数,表示为 $K_1 = A/\rho l$;$|Q|$ 的符号与水流的流向有关,当水流沿着进口至出口,取正,反之取负。

② 供水管路模型中调节阀门模型分析

供水管路模型中调节阀门模型的形式也可用式(4-16)表示,但由于在供水管网中,调节阀门相对于整个管网,其长度基本上可以忽略,同时流体惯性产生的压降也可忽略,故其模型可转化为[91,92]:

$$p_i = p_o + K_v \cdot Q|Q|$$

式中:K_v 为阀门的阻力系数,其值与阀门开度有关。

③ 供水管路模型中其他局部损失(弯头、收缩管等)模型分析

与阀门相同,局部阻力部件的长度在整个供水管网中基本上可以忽略,且流体惯性导致的流量变化产生的压降也可忽略,故其模型可转化为[91]

$$p_i = p_o + K_p \cdot Q|Q|$$

式中:K_p 为局部阻力部件的阻力系数,其值与装置本身特性有关。

综合管路模型和阀门模型,可将其写作

$$\frac{\mathrm{d}Q}{\mathrm{d}t} = K_1(p_i - p_o - K \cdot Q|Q|) \tag{4-17}$$

由式(4-17)可以得出,该模型在式中出现了流量的平方项,因而该模型是非线性模型,同时模型中的阻力系数 K 随着阀门开度的改变而改变,在不同时刻 K 值可能会不同,因此该模型具有一定的时变性。由于该微分方程中对应的微分项阶数为一阶,因此该模型为一阶时变非线性系统。

（2）变速泵模型分析[92]

对定速运行的水泵,其进出口压差可表示为

$$\frac{p_2}{\rho g} - \frac{p_1}{\rho g} = \Delta H = a_0 + a_1 \cdot Q + a_2 \cdot Q^2 \tag{4-18}$$

式中:a_0,a_1,a_2 为通过试验方法得到的拟合系数;Q 为流量,$\mathrm{m^3/h}$。

当水泵变速运行时,根据相似定理,可表示为

$$\frac{p_2}{\rho g} - \frac{p_1}{\rho g} = \Delta H = a_0 \cdot \left(\frac{n}{n_0}\right)^2 + a_1 \cdot Q \cdot \frac{n}{n_0} + a_2 \cdot Q^2 \tag{4-19}$$

式中:n 为当前泵转速,$\mathrm{r/min}$;n_0 为泵额定转速,$\mathrm{r/min}$。

由式(4-14)至式(4-19),并根据不同的供水结构,即可建立相应的泵装置系统模型。其供水结构模型如图 4.18 所示。

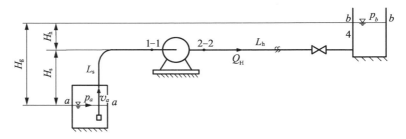

图 4.18 典型的供水装置系统图

根据式(4-18),参照图 4.18 列出 $a-a$ 和 $1-1$ 两断面不稳定流动的伯努利方程[91]:

$$\frac{p_a}{\rho g} + \frac{v_a^2}{2g} = \frac{p_1}{\rho g} + \frac{v_1^2}{2g} + H_s + h_{wsH} + \frac{1}{g}\frac{\mathrm{d}Q}{\mathrm{d}t}\int_0^{L_s}\frac{\mathrm{d}x}{A_s}$$

再列出泵出口断面 $2-2$ 和 $b-b$ 两断面不稳定流动的伯努利方程[91]:

$$\frac{p_2}{\rho g} + \frac{v_2^2}{2g} = \frac{p_b}{\rho g} + \frac{v_b^2}{2g} + H_h + h_{whH} + \frac{1}{g}\frac{\mathrm{d}Q}{\mathrm{d}t}\int_0^{L_h}\frac{\mathrm{d}x}{A_h}$$

式中:h_{wsH},h_{whH} 分别为装置中吸水管和压水管的水力损失;H_s,H_h 分别为泵装置的几何吸上高度和压出高度;A_s,A_h 分别为吸水管和压水管的截面积;

L_s，L_h 分别为吸水管和压水管的长度。

两式相减，则得到泵的扬程为

$$H = \left(\frac{p_{2H}}{\rho g} + \frac{v_{2H}^2}{2g} \right) - \frac{p_{1H}}{\rho g} + \frac{v_{1H}^2}{2g}$$

$$= \frac{p_b - p_a}{\rho g} + \frac{v_b^2 - v_a^2}{2g} + H_g + h_{wsH} + h_{whH} + \frac{1}{g} \frac{dQ}{dt} \left(\int_0^{L_s} \frac{dx}{A_s} + \int_0^{L_h} \frac{dx}{A_h} \right)$$

上式可进一步写成

$$H = H_{st} + KQ^2 + \frac{1}{g} \frac{dQ}{dt} \left(\int_0^{L_s} \frac{dx}{A_s} + \int_0^{L_h} \frac{dx}{A_h} \right) \tag{4-20}$$

式中：H_{st} 为泵装置的静扬程；K 为装置中的阻力系数。当装置一定、调节元件开度一定时，K 为常数。

联立式(4-19)和式(4-20)可得到非线性一阶微分方程组[64]。此时该模型为一阶非线性模型。当阀门开度随时间改变时，该模型为一阶时变非线性模型。

（3）调速电机模型

目前，水泵电机绝大部分是三相交流异步电动机。根据交流电机的转速特性，电机的转速 n 为

$$n = 60f(1-s)p \tag{4-21}$$

式中：n 为电机转速，r/min；f 为电源频率，Hz；s 为转差率，Hz；p 为电机的极对数。

当水泵电机选定后，p 为定值，也就是说，电机转速的大小与电源频率的高低成正比。变频调速就是根据这一原理，通过改变电源的频率值来实现水泵电机的无级调速。

电机稳定运行时实际输出转矩由负载的需要来决定。在不同转速下，不同负载需要的转矩也是不同的。水泵负载转矩基本上与转速的平方成正比。

变频调速时，为了使电机运行性能良好，励磁电流和功率因数应基本保持不变。因此，在使用变频器调节电机转速时，通常是保持电机的端电压 U_1 与频率 f_1 成正比。

此时异步电机模型表示为[93]

$$J\omega = -(D + pK_0) + pK_0\omega_1 - pm \tag{4-22}$$

其中，

$$K_0 = \frac{p}{r_2} \left(\frac{V_{10}}{\omega_{10}} \right)^2$$

式中：ω_1 为定子电源频率，Hz；ω 为转子电气角速度的偏差，Hz；p 为极对数；r_2 为折算到定子侧的转子电阻，Ω；D 为摩擦系数；m 为负载转矩的偏差，N·m；V_{10} 为定子电源的电压，V；ω_{10} 为在静态工作点上的频率值。

对于泵类负载,其转矩与转速的平方成正比,小偏差线性化后,偏差量的关系为

$$M = K_m \omega$$

式中:K_m为常数。

将上式代入式(4-22)即得到调速运行下异步电机的控制模型:

$$\frac{\omega(s)}{\omega_1(s)} = \frac{K_d}{1 + T_d s} \tag{4-23}$$

式中:$T_d = (D + pK_0 + K_m)/J$;$K_d = pK_0/J$。

由式(4-23)可以看出,异步电机的模型为一阶线性模型。

(4)变频器近似模型[94]

变频器是一种弱电控制强电的功率放大器件,但一般的变频器都有延时,故不能等效为纯放大器件。

为了实现电机的软启动,一般变频器都可设置斜坡给定(见图4.19),它相当于在变频器的频率设定端加入一个给定积分环节,且积分时间可设定。

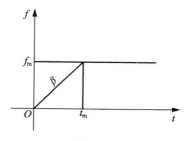

图 4.19 变频器启动原理图

一般变频器加速时间的设定值,指的是输出频率从零增加到最大频率时的时间 t_m。因此,也就确定了频率上升斜坡的斜率 β。实际频率增加到设定频率 f_0 的时间为

$$t = \frac{f_0}{\beta}$$

近似模型即可表示为

$$G(t) = \begin{cases} \dfrac{f_m}{t_m}t, & 0 \leqslant t \leqslant t_m \\ f_m, & t \geqslant t_m \end{cases}$$

经过拉普拉斯变换后,其传递函数表示为

$$G(s) = \frac{k\beta(1 - e^{-t_m s})}{f_m s} \tag{4-24}$$

式中：k 为设定电压与输出频率之间的增益，若给定信号为 $0\sim5$ V，0 V 对应 0 Hz，5 V 对应 50 Hz，则 $k=10$。

根据 $\mathrm{e}^{-t_m s}$ 的 Pade 近似，可将模型转化为

$$G(s) = \frac{k\beta t_m}{f_m\left(\dfrac{t_m}{2}s+1\right)} \tag{4-25}$$

由式(4-25)可知，变频器本身的时间响应是很快的，但对于泵类负载，为了减弱水锤作用，必须人为地设定一个大的积分器，使得其控制信号变化时，输出频率缓慢变化到新的值。因而变频器也可用一个惯性环节来描述。同时，为了保护电机，通常会将变频器的输出限定在一定的范围。因此，变频器为一个带有饱和非线性区的一阶惯性系统。

综上所述，可将水泵系统的控制模型视为 3 个一阶的控制模型。为了减弱水锤作用，对变频器设定的时间常数远大于电机和泵-管道中的惯性系数，因此根据模型降阶理论，可将整个模型近似为一个一阶惯性滞后系统。但由于 3 个模型都为非线性模型，因此只有在调节量很小的情况下，才能将其简化为线性模型。同时，若在水泵系统中存在水箱、水池之类的蓄水、稳压装置，水泵系统就会变成大惯性系统。

4.2.2 基于 Matlab 的供水系统物理建模

Matlab 是一种功能强、效率高、便于进行科学和工程计算的交互式软件包。其中的 Simulink 是一个强大的软件包，不需要编程即可实现系统仿真模拟，是常用的控制器设计工具，常用来进行 PID 参数的整定。

SimHydraulics 是隶属于 Matlab Simulink 的液压动力与控制系统工程设计和仿真建模环境，是基于 Simscape 模块的物理建模环境。SimHydraulics 提供了对液压系统进行建模和仿真的元件库，其包括液压元件的模型，如泵、阀门、执行器、管道及水力阻力等。利用所提供的元件，可以构建液压驱动系统的模型，如前端式装载机和起落架驱动系统等。在 SimHydraulics 环境下也可对供油系统和供水系统进行建模。

SimHydraulics 假定在仿真时间范围内，其系统内部温度不发生变化，这个温度数值必须作为参数传递给仿真系统。由于 SimHydraulics 是 Simscape 的扩展产品，因而它也是物理建模软件，但不同于 Simulink 的其他基于数学模型建立而仿真的产品。

根据系统的结构及工作原理，在 Matlab Simulink 环境下对试验台进行搭建，得到如图 4.20 所示的仿真模型。

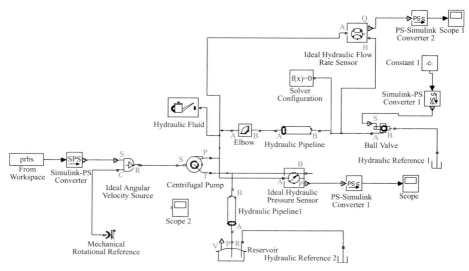

图 4.20　仿真模型连线图

　　该仿真模型中,主要元件为离心泵、管道、弯管、阀门及水池。为了使离心泵正常运行,需添加理想角速度源元件,为离心泵提供转速。由于理想角速度源元件的输入输出为物理信号,所以在使用阶跃信号(Step)提供输入时,需要将无量纲仿真信号转换为物理信号,即需要使用信号转换器(Simulink-PS Converter)。无量纲仿真信号转换为物理信号时,需要使用 Converter 模块来给它增加一个支持单位,在参数对话框中 Unit Text Box 处选择单位 rad/s。

　　泵系统内流动的液体属性应特别指定,即添加 Hydraulic Fluid 模块,并在模块参数对话框中选择液体为水,系统温度设置为常温 25 ℃。同时,每一个拓扑性质的物理仿真系统框图都需要一个求解器设置模块(Solver Configuration Block)。再对该求解器进行设置,在 Under Solver Options 选项中,设定 Solver 为 ode15s(stiff/NDF),最大步长设定为 0.2。这里的 ode15s 命令实际上是刚性微分方程的求解命令,针对的是某些特殊常微分方程,即其中一些解的变化缓慢,另一些解的变化很快,二者之间相差悬殊。这类方程通常被称为刚性方程。仿真时间默认为 0～10 s。

　　为了观测系统中流量、压力差等信息的变化,需要添加压力传感器和流量传感器,即 Ideal Hydraulic Pressure Sensor 模块和 Ideal Hydraulic Flow Rate Sensor 模块。添加示波器模块后,所测得的信息通过波形展现出来,这十分有利于分析系统的动态特性和静态特性。同样,示波器接收的信号为无量纲信号,而传感器所测得的信号为物理信号,需添加 Simulink-PS Converter 模块进行信号转换,并选择单位 Pa 和 m³/s。

系统仿真中,在 Simulink 环境下,即可联合基础控制包与 SimHydraulics 实现供水系统控制系统的仿真模拟,大大提高了供水系统控制系统的设计精度。

4.2.3　变频供水系统控制模型的试验研究

（1）试验原理

阶跃响应建模是实际中常用的方法,其作用是获取系统的阶跃响应。基本步骤:首先通过手动操作使过程工作在所需测试的稳定条件下,稳定运行一段时间后,快速改变过程的输入量,记录过程输入和输出的变化曲线;经过一段时间后,过程进入新的稳态,此时记录的曲线就是阶跃响应曲线。可根据此辨识出控制模型[95,96]。

（2）试验装置

本试验装置在江苏大学流体中心实验室搭建,如图 4.21 所示。

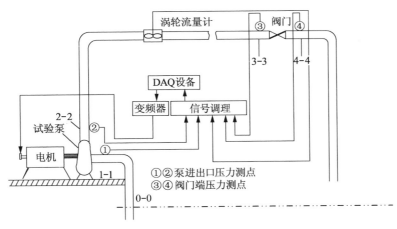

图 4.21　试验装置示意图

本试验装置系统包括三个部分,如图 4.22 所示。

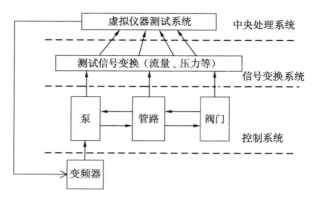

图 4.22　试验装置测试系统原理图

泵-水循环系统中,水泵使用的是额定流量 6 m³/h,额定扬程 15 m,额定转速 2 900 r/min,额定功率 1.5 kW的离心泵。进口管径为 40 mm,出口管径为 25 mm;进口段距水平面的高度为 950 mm,出口段距水平面的高度为 1 500 mm。水泵供水系统运行特性试验台如图 4.23 所示。

在该试验装置中需要测量流量和

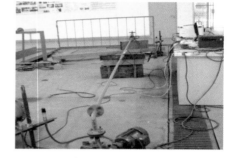

图 4.23　水泵供水系统运行特性试验台

各管段处的压力,流量测量采用的是精度为±0.5%的涡轮流量计,压力传感器采用的型号是 CYG1103,精度为±0.2%,输出电流为 4～20 mA,量程分别为-100 kPa～100 kPa 和 0～1 MPa。数据采集采用 NI 公司研制的基于 PCI Express 便携式 PXI-1042Q 机箱,采集板卡采用 PXI-6253,具有 16 个电压采集通道和 2 个电压生成通道,其采集速率能达到 2 M/s。由于 PXI-6253 板卡只能采集电压信号,因此在压力采集通道上需并联一个高精度 250 Ω 的电阻,将压力传感器产生的电流信号转换成 1～5 V 的电压信号。

水循环自动控制运行系统主要由三菱 FR-F740 型通用变频器构成。将变频器频率调节方式设定为通过输入模拟电压信号调节,即输入 0～5 V 电压对应于变频器输出 0～50 Hz,并将其频率设定端接 PXI-6253 板卡。

整个测试软件采用 LabView 平台开发(见图 4.24)。其测试程序如图 4.25 和图 4.26 所示。

图 4.24　水泵供水系统 LabView 测试平台

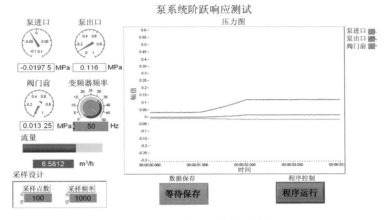

图 4.25　水泵系统阶跃响应测试界面

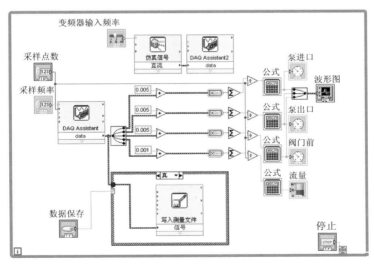

图 4.26　水泵系统阶跃响应测试程序框图

（3）试验步骤

① 将阀门开度固定,变频器的频率调节到 50 Hz,使管道充满水。

② 将变频器的频率设定为目标一(见表 4.4),在数据稳定后,开始采集数据;同时调节频率到目标二(见表 4.4),在数据稳定后,再点击"保存"按钮。

表 4.4　试验方案

目标一	目标二		
20 Hz	30 Hz	40 Hz	50 Hz
30 Hz	20 Hz	40 Hz	50 Hz
40 Hz	20 Hz	30 Hz	50 Hz
50 Hz	20 Hz	30 Hz	40 Hz

（4）试验数据及其处理

① 阀门全开时的阶跃响应曲线。

将阀门开度固定为全开时,其响应曲线如图 4.27 所示。

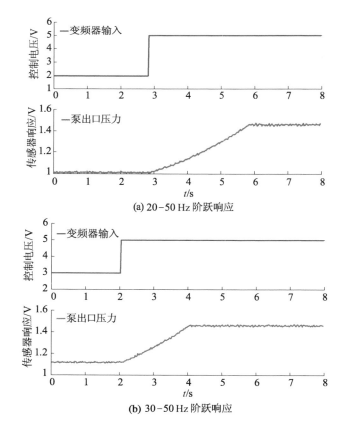

(a) 20−50 Hz 阶跃响应

(b) 30−50 Hz 阶跃响应

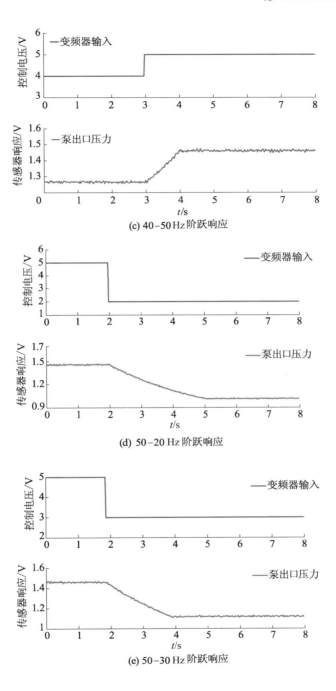

(c) 40-50 Hz 阶跃响应

(d) 50-20 Hz 阶跃响应

(e) 50-30 Hz 阶跃响应

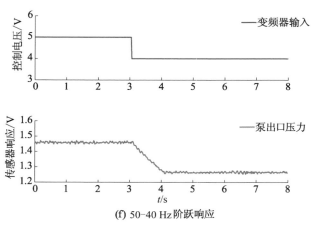

(f) 50-40 Hz 阶跃响应

图 4.27 阀门全开条件下阶跃响应曲线

② 阀门全开时系统模型辨识结果。

系统辨识主要是通过 Matlab 提供的系统辨识工具箱进行。通过计算得到阀门全开时的阶跃响应模型为

$$H(s) = \frac{0.29}{0.7s + 1} \mathrm{e}^{-0.1s} \tag{4-26}$$

辨识仿真模型与实际模型的对比如图 4.28 至图 4.30 所示。

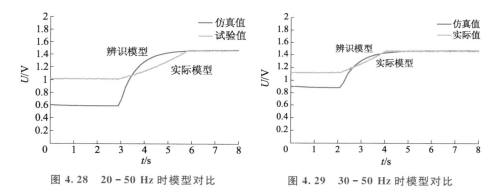

图 4.28 20-50 Hz 时模型对比 图 4.29 30-50 Hz 时模型对比

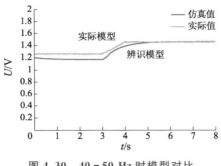

图 4.30 40-50 Hz 时模型对比

③ 阀门开度为 50% 时的阶跃响应曲线。

试验阀门开度为 50% 时阶跃响应曲线如图 4.31 所示。

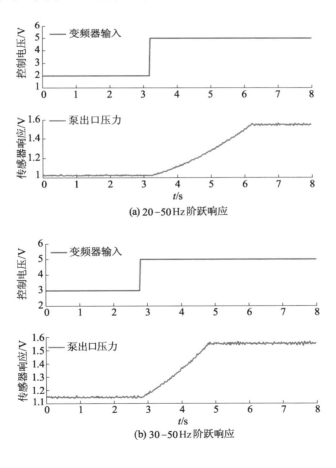

(a) 20-50 Hz 阶跃响应

(b) 30-50 Hz 阶跃响应

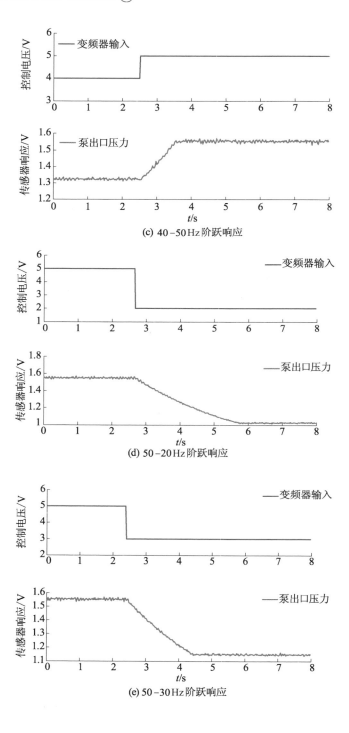

(c) 40-50 Hz 阶跃响应

(d) 50-20 Hz 阶跃响应

(e) 50-30 Hz 阶跃响应

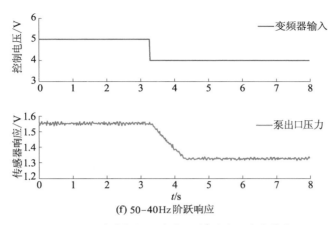

(f) 50~40Hz 阶跃响应

图 4.31　试验阀门开度为 50％时阶跃响应曲线

④ 阀门开度为 50％时系统模型辨识结果。

阀门开度为 50％时,系统模型辨识结果为式(4-27),辨识模型与实际模型的对比如图 4.32 至图 4.34 所示。

$$H(s) = \frac{0.32}{0.7s+1}\mathrm{e}^{-0.1s} \tag{4-27}$$

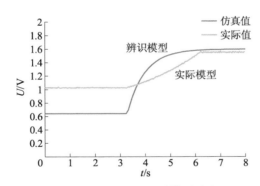

图 4.32　20-50 Hz 时模型对比

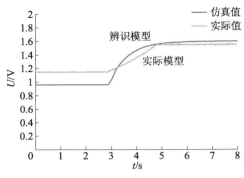

图 4.33　30 - 50 Hz 时模型对比

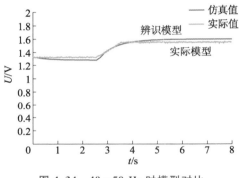

图 4.34　40 - 50 Hz 时模型对比

（5）试验结果分析

由试验中得出的辨识模型仿真响应与实际的响应曲线对比可知：

① 水泵供水系统模型参数随着阀门开度的改变而发生变化。

② 工程中应用的线性过程模型只能在小偏差时才能较好地近似实际情况，而当偏差较大时，如本试验中，当变频器的频率从 20 Hz 跃变到 50 Hz 时，采用线性模型仿真的结果与实际值差别较大，不能够反映控制对象本身的固有性质。

在变频变压供水系统中，被控对象具有非线性特性。当负荷变化较小时，可用线性化的方法进行处理。对于一些负荷变化较大的供水系统，其非线性就不可忽略，则必须采用其他方法，如分段线性化或线性补偿法。

图 4.35 所示为控制变频器输出的电压与安放在泵出口的压力传感器的输出电压值的对应关系。当输入值偏差较小时，可近似为一条直线；而当偏差较大时，近似为一条直线就会产生较大的误差，这时就需要对近似模型的增益值进行修正，即将过程模型的增益值构造为关于模型输出值的函数。

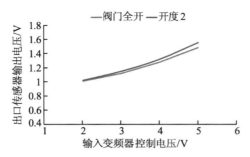

图 4.35　变频输出与泵出口输出关系曲线

根据图 4.35 中输入电压与出口输出电压值之间的关系,就可计算出不同的输出电压值与当前过程模型的增益值,如图 4.36 所示。通过最小二次多项式拟合即可构造出过程增益值的修正函数,如表 4.5 所示。该修正函数的斜率随着阀门开度的减小而增大。

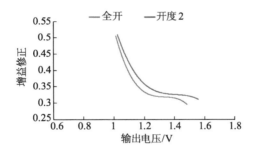

图 4.36　变压供水仿真模型修正方程

表 4.5　特性曲线拟合函数

曲线名	表达式	R 平方值
全开曲线	$-6.731x^3 + 26.57x^2 - 34.97x + 15.66$	1
50%开度曲线	$-3.378x^3 + 14.13x^2 - 19.73x + 9.523$	1

将修正函数代入 Matlab 的 Simulink 中,如图 4.37 所示。

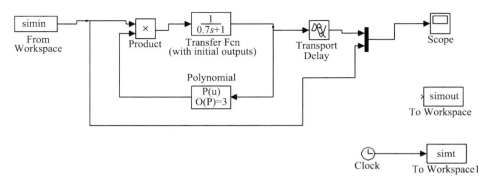

图 4.37　新型仿真模型

通过 Simulink 仿真后，结果如图 4.38 至图 4.40 所示。

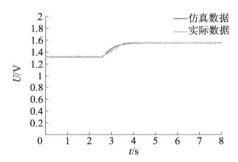

图 4.38　新型仿真模型与实际比较(40－50 Hz)

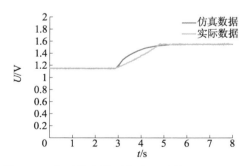

图 4.39　新型仿真模型与实际比较(30－50 Hz)

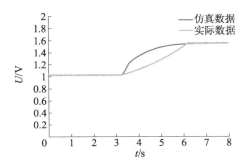

图 4.40 新型仿真模型与实际比较(20 - 50 Hz)

较之使用简单的线性模型,应用该修正模型所得的仿真结果与实际相差较小,并且在小偏差时基本上已经吻合。尽管当偏差较大时,与实际仍有一定的差距,但与使用简单的线性模型相比,该修正模型能够更好地反映出实际情况,为设计更好的控制器奠定了基础。

4.2.4 变频过程控制器设计

(1) 传统 PID 设计

Z - N 整定法(见表 4.6)是一种常用的 PID 整定方法。根据参考模型,再结合给定的参数整定公式,即可整定出 PID 参数[96]。

表 4.6 Ziegler-Nichols 法整定控制器参数

控制器类型	比例度 K_p	积分时间 T_i	微分时间 T_d
P	$\dfrac{T}{K\tau}$	∞	0
PI	$\dfrac{0.9T}{K\tau}$	$\dfrac{\tau}{0.3}$	0
PID	$\dfrac{1.2T}{K\tau}$	2.2τ	0.5τ

将阀门全开时的模型式(4-26)代入表 4.6 中,计算得

$$K_p = 28, K_i = 0.22, K_d = 0.05$$

(2) 非线性控制器控制设计

尽管这些非线性系统的控制系统设计形成了以直观描述为特点的理论分析方法,如描述函数法、相平面法和波波夫法(Popov)等,但由于数字计算机的发展,这些定性的分析在工程实际中已经很少使用。事实上,可以通过计算机直接针对非线性系统进行控制器优化和仿真。NCD(非线性控制设

计)就是在初始控制器参数的基础上,根据参考模型不断地调整控制器的控制参数,使其能够满足系统的控制要求。该方法目前已经应用在西门子 PLC控制器设计中,通过在线自整定获得了较优的控制效果。

（3）模糊 PID 设计

该设计中不需要建立被控对象精确的数学模型,其过程如下[12]：

① 确定模糊控制器的输入/输出语言变量和论域

根据现场调试情况,在采用常规 PID 控制器时,以阀门全开时的线性近似模型通过 Ziegler-Nichols 整定出的 PID 参数为基础,将 k_p 设为 12,k_i 设为 34,k_d 设为 0.2。根据 PID 模块参数的范围,将输出变量 k_p,k_i,k_d 的基本论域分别选为(0,24),(0,70)和(0,0.4)。

② 输入/输出变量隶属函数的选定

本系统输入变量 e 和 ec 的模糊子集选为{负大,负中,负小,零,正小,正中,正大},简记为{NB,NM,NS,ZO,PS,PM,PB}。由于三角函数具有函数关系明确及容易求出输入变量的隶属度等优点,因而将 e 和 ec 的主要隶属函数均选取为三角函数。但若输入为极限值时,由于采用三角函数会造成数据变化较为剧烈,不利于系统的稳定,应将隶属函数分别设定 Z 型和 S 型,并使偏差 e 和偏差变化率 ec 量化到(−3,3)的区域内。输入变量 e 和 ec 的对应隶属度曲线如图 4.41 和图 4.42 所示。

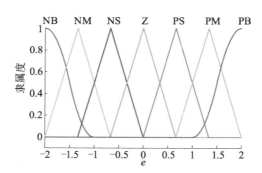

图 4.41　模糊输入变量 e 的隶属度曲线

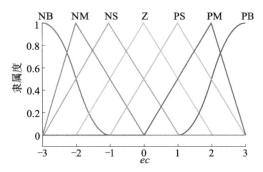

图 4.42 模糊输入变量 ec 的隶属度曲线

将输出变量 k_p,k_i,k_d 的模糊子集选为｛零,正小,正中,正大｝,简记为
｛ZO,PS,PM,PB｝。建立输出变量的隶属度函数后,输出变量 k_p,k_i,k_d 的隶属度曲线如图 4.43 至图 4.45 所示。

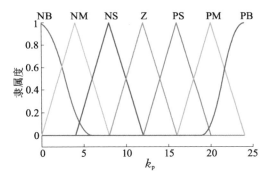

图 4.43 模糊输出变量 k_p 的隶属度曲线

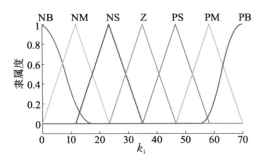

图 4.44 模糊输出变量 k_i 的隶属度曲线

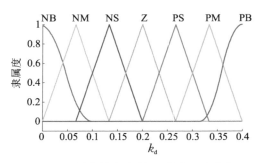

图 4.45　模糊输出变量 k_d 的隶属度曲线

③ 模糊推理规则设定

根据实际供水系统操作中得到的经验,将控制器的模糊参数调节规则列于表 4.7 至表 4.9。

表 4.7　参数 k_p 的调节规则

k_p		e						
		NB	NM	NS	ZO	PS	PM	PB
ec	NB	PB	PS	PM	PB	PB	PM	PM
	NM	PB	PS	ZO	PS	PB	PM	PM
	NS	PB	ZO	ZO	PM	PB	PM	PM
	ZO	PB	PB	PM	PM	PM	PB	PB
	PS	PM	PB	PM	PM	ZO	ZO	PB
	PM	PM	PB	PM	PS	ZO	PS	PB
	PB	PM	PM	PB	PB	PM	PS	PB

表 4.8　参数 k_i 的调节规则

k_i		e						
		NB	NM	NS	ZO	PS	PM	PB
ec	NB	ZO	PS	PM	PB	PM	PS	ZO
	NM	ZO	PM	PM	PB	PM	ZO	ZO
	NS	PS	PM	PB	PB	PB	PS	PS
	ZO	PS	PM	PB	PB	PB	PM	PS
	PS	PS	PS	PB	PB	PB	PM	PS
	PM	ZO	ZO	PM	PB	PM	PM	ZO
	PB	ZO	PS	PM	PB	PM	PS	ZO

表 4.9 参数 k_d 的调节规则

k_d		\multicolumn{7}{c}{e}						
		NB	NM	NS	ZO	PS	PM	PB
ec	NB	PS	PS	PM	PM	PB	PB	PM
	NM	PS	PM	PM	PM	PB	PB	PS
	NS	ZO	PM	PM	PM	PM	PB	ZO
	ZO	ZO	PM	ZO	ZO	ZO	PM	ZO
	PS	ZO	PB	PM	PM	ZO	PM	ZO
	PM	PS	PB	PB	PB	PS	PM	PS
	PB	PM	PB	PB	PB	PM	PS	PS

根据以上的控制规则表,可以将控制规则转化为语言描述,这些规则代表了不同的隶属函数。例如:

1. If (e is NB)and(ec is NB)then(K P is PB)(K I is ZO)(K D is PS);

2. If(e is NM)and(ec is NB)then(K P is PS)(K I is PS)(K D is PS);

3. If(e is NS)and(ec is NB)then(K P is PM)(K I is PM)(K D is PM);

......

④ 输出变量的解模糊

对于具有 m 个输出量化级数的离散论域情况,利用重心法进行模糊判决输出为

$$k_p = \frac{\sum\limits_{i=1}^{m} k_p \cdot \mu_i(k_p)}{\sum\limits_{i=1}^{m} \mu_i(k_p)} \tag{4-28}$$

同理,可相应求出参数 k_i 和 k_d 的数值。

(4)性能研究

① 水泵供水系统时域性能分析

水泵供水系统的瞬态响应在达到稳态以前通常表现为阻尼振荡过程。图 4.46 给出了水泵供水系统对阶跃输入信号在初始条件全部为零的情况下的瞬态响应,根据这一响应曲线获得系统瞬态性能指标[95]。

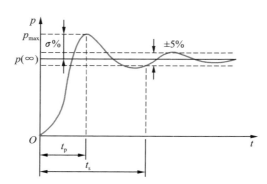

图 4.46　水泵供水系统瞬态性能指标的阶跃输出响应

a. 瞬态性能指标

(ⅰ) 峰值时间 t_p。输出水压达到第一个峰值所需要的时间,即最大水压时间。

(ⅱ) 最大超调量。系统最大超调量定义式为

$$\sigma\% = \frac{p(t_p) - p(\infty)}{p(\infty)} \times 100\% \tag{4-29}$$

式中:$p(t_p)$ 为最大水压值;$p(\infty)$ 为输出水压的稳态值。最大超调量的数值直观地说明了水泵供水系统的相对稳定性。

(ⅲ) 调整时间 t_s。通常用输出水压稳态值的 5% 或 2% 作为允许误差范围,当输出水压值进入并永远保持在这一允许误差范围内时,则把输出水压值进入该误差范围所用的时间叫作调整时间。

峰值时间 t_p 越小,系统响应越灵敏;最大超调量 σ 越小,系统性能越稳定;调整时间 t_s 越小,系统调节速度就越快;稳态误差 e_{ss} 越小,系统控制的准确性就越高。

b. 稳态性能

水泵供水系统稳态性能的优劣是根据供水系统对某些典型输入信号响应的稳态误差来衡量的。供水系统误差定义为给定水压 $p_{sv}(t)$ 与实际输出水压 $p_{pv}(t)$ 之差,记为 $e(t)$,即

$$e(t) = p_{sv}(t) - p_{pv}(t) \tag{4-30}$$

稳态误差为

$$e_{ss} = \lim_{t \to \infty} e(t) = p_{sv}(t) - p_{pv}(\infty) \tag{4-31}$$

图 4.47 是三种控制策略方法下的水泵供水系统仿真结果。对三种控制策略的四个性能指标的比较分析结果见表 4.10。

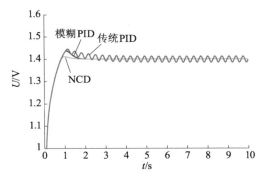

图 4.47　三种控制策略的仿真结果

表 4.10　三种控制策略阶跃响应的性能指标比较

性能指标	传统 PID 控制策略	NCD 控制策略	模糊 PID 控制策略
t_p/s	1.2	0.9	1.1
σ/%	3.29	0	2.93
t_s/s	3.5	1.8	2
e_{ss}/V	0.14	0	0

从图 4.47 和表 4.10 中的数据可以看出,与传统 PID 控制策略相比,NCD 策略整定的 PID 控制器和模糊 PID 控制器的控制响应速度快、静差小、稳定性好。因此,采用模糊 PID 控制器与 NCD 控制策略设计的 PID 均有较好的控制品质。

② 鲁棒性分析

所谓鲁棒性,是指控制系统在一定的参数摄动下,维持某些性能的特性,也即控制系统性能对于被控对象参数变化的敏感性问题[95]。由于在阀门开度改变时其增益函数会发生变化,因而需要进行鲁棒性研究。改变时间设定在仿真时间 $t=5$ s 处,其仿真模型如图 4.48 所示,仿真结果如图 4.49 所示。

从图 4.49 中可以看出,即使被控对象的参数变化较大,模糊 PID 控制和NCD 控制效果仍是比较好的。产生的超调量小,在 5 s 内只产生了不到 1% 的波动,且经短时间调整就可达到稳定值,具有调整时间短、速度快的特点,表现出了较强的适应能力、较强的鲁棒性。

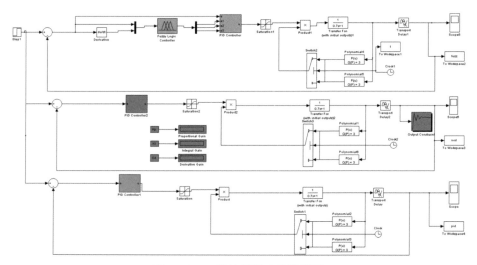

图 4.48　三种控制策略仿真模型

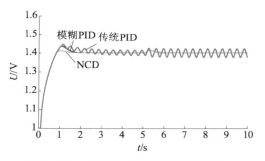

图 4.49　三种控制策略鲁棒性分析结果

　　从上述仿真试验的控制效果图可以明显看出，模糊 PID 和 NCD-PID 的控制效果在响应速度、超调、抗干扰性、鲁棒性等方面都非常理想，能有效地提高控制性能，获得较为优良的控制效果。

　　传统的 PID 控制策略则在模型发生变化时，其静差增大，表现出较差的适应能力，鲁棒性较差。

　　通过对变压供水系统控制器设计方法的研究，鉴于供水系统模型的非线性，将 Matlab 中的 NCD（非线性控制设计）模块应用于控制器的设计，并将其与传统方法和先进的模糊 PID 设计方法进行仿真比较，比较结果如表 4.11 所示。

　　结果表明，传统的方法不能较好地实现控制功能，而 NCD-PID 和模糊 PID 能够较好地实现控制功能，且在控制超调和响应速度上 NCD 优于模糊

PID,但在鲁棒性上模糊 PID 比 NCD 方法更优。

表 4.11　NCD 与模糊、传统方法的对比

比较要素	NCD	模糊	传统
模型需求	需要精确的模型	不需要精确的模型	需要精确的模型
设计要求	较为简单,不需要经验	较为复杂,需要经验	较为简单,但需要经验
实现方法	简单,只需设置 PID 参数	复杂,需要编程才能实现	简单,只需设置 PID 参数
效果	效果很好,接近理想	效果较好	效果较差
鲁棒性	很好,具有较好的适应性	很好,具有较好的适应性	不好,较难适应模型改变

4.2.5　启停控制设计

（1）无变频器

对于长期运行的泵系统,需要减少水泵启停对系统的冲击。针对被控水泵数量较多且控制较为集中的情况,采用一定的控制结构和软启动器,就能实现一台软启动器驱动多台泵类电机,简化结构,降低控制成本[97]。

为了节约成本,在每台电机的主电路中分别增加一台接触器（KM2, KM4,KM6)作为软启动器的旁路运行接触器,采用逻辑控制的方法,实现一台软启动器驱动多台泵类电机（见图 4.50)。其实现过程如下:

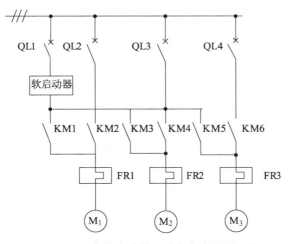

图 4.50　一台软启动器驱动多台水泵原理图

软启动电机 M_1 时,首先吸合主电路接触器 KM1,软启动器开始启动电机 M_1,电机随设定的启动时间逐渐加速;电机 M_1 加速至额定转速后,软启动器发出启动完成信号,旁路运行接触器 KM2 吸合;同时延时将主电路接触器

KM1 断开,切除软启动器,电机 M_1 软启动完成。此时,软启动器可以继续启动电机 M_2 或 M_3。电机 M_1,M_2,M_3 启动完成之后,软启动器脱离工作处于待命状态。

软停止电机 M_1 时,首先吸合主电路接触器 KM1,将旁路运行接触器 KM2 断开,电机 M_1 切换到由软启动器控制;软启动器的软停止功能逐渐减小输出电压,电机 M_1 随设定的停止时间逐渐停下来;最后主电路接触器 KM1 断开,电机 M_1 软停止完成,软启动器退出,接受下一个停止操作。

(2)单变频器的多泵启停控制

当一台变频器只带一台水泵运行时,起不到节约能源的作用。要使变频器发挥作用,就必须使带变频器的机泵长期运转,但这一方面不利于设备保护,另一方面对于大小泵搭配的泵系统,也不利于用其达到最大程度的节能。

采用单变频器进行切换,一方面,按照调度模型的要求,变频器能够实现对相关的水泵进行变频控制;另一方面,要克服工变频电源在直接切换时,产生的冲击电流对设备的损害。

要解决这些问题,需要完成如下工作。

① 采用如图 4.51 所示的电气控制图,并采用逻辑控制电路,实现对 K_{ij} 的控制。

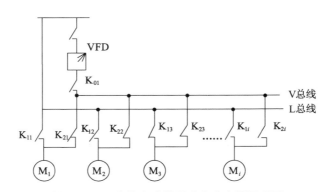

图 4.51　一台软启动器驱动多台水泵原理图

实现过程:当需要控制电机 M_1 时,首先吸合主电路接触器 K_{21},变频器开始控制电机 M_1;当电机 M_1 的转速达到额定转速后,变频器发出信号,旁路运行接触器 K_{11} 吸合,同时延时将主电路接触器 K_{21} 断开;此时,M_1 切换至工频运行,变频器可以继续启动其他电机。当变频器需要停止 M_1 时,在断开 K_{11} 的同时吸合 K_{21},此时变频器控制 M_1。当 M_1 转速几乎降至 0 时,断开 K_{21},即完成了 M_1 的停止。

② 使用同步鉴相环控制电路实现工变频电源的同步切换。工变频同步切换原理图如图 4.52 所示。

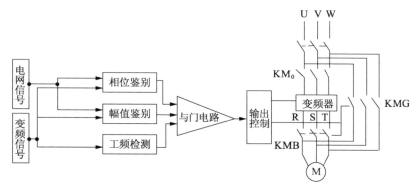

图 4.52 工变频同步切换原理图

同步鉴相环控制电路主要由频率检测器、幅值（电压）鉴别器、相位鉴别器、允许门电路和切换控制电路组成。必须检测到变频器输出电压的频率、幅值、相位与电网的参数完全一致时，才可以进行切换操作。

但采用单变频器进行切换时，也存在一些问题：与之前的状态相比，在启动/停止一台泵的同时，还需要将变速泵切换至另一台泵。此时，如果按照上述方法调节，水泵机组就会出现较大的流量、扬程波动，使系统的稳定性受到影响。解决这样的问题有两种方法：一是更改调度模型，但会造成此次调度并非优化调度，存在一定的能量浪费；二是配置软启动器，使其与变频器协调工作。

（3）多变频器的多泵启停控制

采用多变频器控制水泵启停，其控制过程比较简单，还能完成备用泵和现行泵的无扰动切换。

泵的切换过程实际上是在并联运行下，运行泵转速由额定转速逐渐下降至零，同时备用泵转速由零逐渐升高至额定转速。如果泵切换过程中两泵之间的转速不协调，管路中的流量就会发生变化，甚至发生剧烈的波动。

如要求切换运行泵、调备用泵时母管中总流量不变，则可以通过运行泵和备用泵的转速协调控制来实现。

多泵协调运行原理如图 4.53 所示，控制调节过程如下：

① 启动备用泵，运行泵维持额定转速。此时备用泵出口压力低于母管压力，无法输出流量，由于止回阀的作用，也不存在流体的倒灌。

② 备用泵升速至 n_1,备用泵出口压力达到母管压力,出口阀门开启,备用泵开始向母管输水。

③ 与此同时,变速设备开始控制运行泵降速。按备用泵升速、运行泵降速的一一对应关系协调进行升降。在此过程中检测运行泵、备用泵出口压力和流量,将初始流量设定为控制目标,按照压力的波动调节控制参数。若出现较大的压力波动,则放慢升降的速度。

④ 当运行泵降速至 n_1,出口压力低于母管压力时,运行泵出口阀门关闭,此时将控制目标设定到要调节的状态,控制对象调整至备用泵。达到控制目标后,备用泵的调节过程结束。若此时备用泵运行在额定转速,则完成工频转变频的切换,并将控制该过程的变频器设定为空闲状态。

⑤ 运行泵则继续缓慢降速,当运行泵降速至零,调泵结束,控制该过程的变频器将被设定为空闲状态。

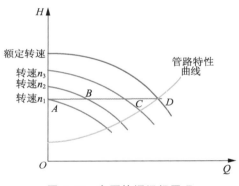

图 4.53　多泵协调运行原理

4.3　离心泵系统控制系统设计

在泵运行控制中,常用的控制器有单片机、PC 和 PLC。

单片机有诸多特点:① 可靠性好。芯片本身是按工业测控环境要求设计的,抗噪声干扰优于一般通用 CPU,程序指令及常数、表格固化在 ROM 中不易破坏。② 许多信号通道均在一个芯片内。③ 易扩展。片内具有计算机正常运行所必需的部件。④ 控制功能强。为了满足工业控制的需要,一般单片机的指令系统中有极丰富的条件分支转移指令、I/O 口的逻辑操作以及位处理功能。芯片外部有许多供扩展的三总线及并行、串行输入输出管脚。一般说来,单片机系统价格较为便宜,但其开发周期长,开发成本较高。

　　PLC 为模块化结构,具有中央处理单元(CPU),用于数字和模拟 I/O 的信号模板,用于网络连接的通信处理模块,用于快速计数、位控(开环和闭环)和调节的功能模块等。其通信功能强大,能轻松实现分散控制;编程语言简单方便,I/O 功能强大,方便用户使用,可靠性高。

　　PC 的特点为具有丰富的软件资源,既可用汇编语言,也可用高级语言编程,还有强大的调试程序;系统硬件可以配置得很高;具有方便的通信和扩展功能空间。但占地面积大,价格较高,实时性差,较少地应用在泵运行控制中,因此本书不再论述。

　　离心泵系统应用十分广泛,其作用也有所不同,对其控制要求也有所不同,但控制器的设计原理及方法是大同小异的。为了简单起见,本书主要针对目前常见的变频恒压供水系统进行相关控制器的设计。

4.3.1　单片机控制系统

(1) 控制原理

　　在恒压供水系统中,安装于管网的远传压力表提供水压力信号,并经过光电隔离和电压转换电路,传送给系统的中心控制器;控制器将采集到的压力数据与预设压力进行比较,得出偏差值,再经 PID 运算之后得出控制参数;D/A 模块将控制参数转换为模拟电压输出,调节变频器的输出频率,从而控制水泵的转速,以保证管网压力基本恒定。当用水量增大时,管网压力低于预设值,变频器频率就会升高,水泵转速加快,从而提升管道水压。达到水泵额定输出功率仍无法满足用户供水要求时,该泵自动转换成工频运行状态,并变频启动下一台水泵。反之,当用水量减少,则降低水泵运行频率至设定的下限运行频率。若供水量仍大于用水量,则减泵直至全部泵停止工作,经过一定的延时,控制器重新比较压力,并计算控制输出,从而维持恒压供水。

(2) 总体结构

① 控制器选择

　　本书采用了 MCS-51 系列单片机中的 AT89C51 单片机(见图 4.54)作为控制器。AT89C51 单片机是一种高性能 CMOS 8 位微控制器。该器件采用 ATMEL 非易失存储器制造技术制造,与工业标准的 80C51 和 80C52 指令集和输出管脚相兼容。由于将多功能 8 位 CPU 和闪速存储器组合在单个芯片中,ATMEL 的 AT89C51 是一种高效微控制器,为很多嵌入式控制系统提供了一种灵活性高且价格低的方案。

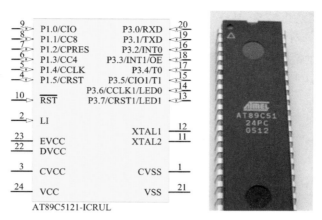

图 4.54 AT89C51 控制芯片

② 强电回路设计

系统的一次回路如图 4.55 所示。由外部引入的三相电 L1, L2, L3 首先经过断路器 Q, 从断路器 Q 出来后分成三路三相电, 每一路依次接断路器 Q1, Q2, Q3; 第一路接完断路器 Q1 后连接到变频器的三相电输入端; 经过变

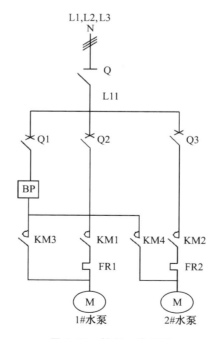

图 4.55 控制一次回路

频器变频后再引出两路,分别与线圈 3 和线圈 4 相连,最后与泵组电机相连;接断路器 Q2 和 Q3 的两路直接与线圈 1 和线圈 2 相连,线圈 1 和线圈 2 的引出线再分别与热断电器 1 和 2 相连,最终连接到泵组电机。

系统的二次回路如图 4.56 所示。利用继电器对控制泵组电机的线圈进行控制,继电器 1,2,3,4 分别控制线圈 1,2,3,4。继电器由单片机控制,从而实现单片机对泵组电机的智能控制。

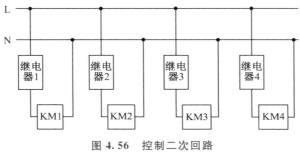

图 4.56 控制二次回路

③ 控制方案设计

系统的自动控制原理图如图 4.57 所示。系统以 AT89C51 单片机为控制核心,压力传感器将供水出口处的压力(0~5 V 模拟信号)通过 A/D 转化芯片送入单片机的引脚,将压力模拟信号转换成数字信号;再与设定压力比较处理,得到一个对变频器进行控制的数字量;将该数字量通过 D/A 转换送给变频器,控制其输出频率的变化,从而控制电机的转速变化。

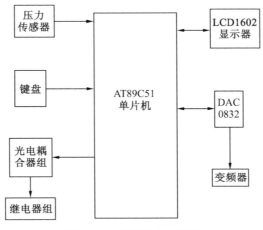

图 4.57 系统控制原理图

（3）硬件设计

A/D 转换器采用 ADC0809，D/A 转换器采用 DAC0832，均为 8 位转换器。AT89C51 作为 MCS-51 系列 8 位单片机的典型产品，具有 P0，P1，P2，P3 共 4 个 I/O 接口，128 比特的内部 RAM 数据存储器，2 个 16 位定时器/计数器和 5 个中断源。P0 作为 ADC0809 的输入数据总线、DAC0832 的输出数据总线，同时又作为 ADC0809 的模拟通道的选择信号，经 74LS373 锁存器锁存后输出。P2.4 作为 DAC0832 的芯片选中信号，P2.6 与 RD、WR 构成 ADC0809 通道地址锁存、启动和输出允许信号。P1.0～P1.5 通过接口电路控制逻辑控制电路中的 J1～J6。P3.3 口（NITI）作为外部中断请求信号，A/D 转换器 ADC0809 转换完成时发出中断，以便 CPU 读取转换结果。单片机硬件结构框图如图 4.58 所示。

此硬件系统除了设计恒压变流量供水所需的硬件配置以外，还设计了"看门狗"电路。当程序跑飞时引起 NITO（P3.2 脚）中断，执行中断服务程序，使失控的程序重新回到受控状态。同时还配置了操作键盘和 LED 显示器，使系统可以根据现场实际情况对系统参数进行相对应的调整，同时还可显示系统的运行情况，如供水压力和流量。为使系统安全可靠地运行，系统对运行过程中出现的过载、缺相、缺水等事件给予报警并采取相应处理措施。另外，系统还有功能完备的手动操作系统，应对供水系统检修、维护、应急等情况。

（4）软件设计

根据硬件电路需求，系统的软件程序设计分为主程序设计和子程序设计。主程序为系统整体智能控制的实现过程，子程序包括 PID 算法子程序、A/D 转换中断服务子程序、D/A 转换子程序、数字滤波子程序、标度变换子程序等。

① 主程序

系统复位以后，单片机 CPU 总是从 ROM 的 0000H 单元开始执行过程，而接下来的 0003H－002AH 单元是用来存放 5 个中断服务子程序入口的，因此主程序只能够从 ROM 中的 0030H 单元开始存放，然后在 0000H 单元开始放入一条长转移指令 Ljmp main 即可，其中 main 是主程序的名称。主程序流程图如图 4.59 所示。

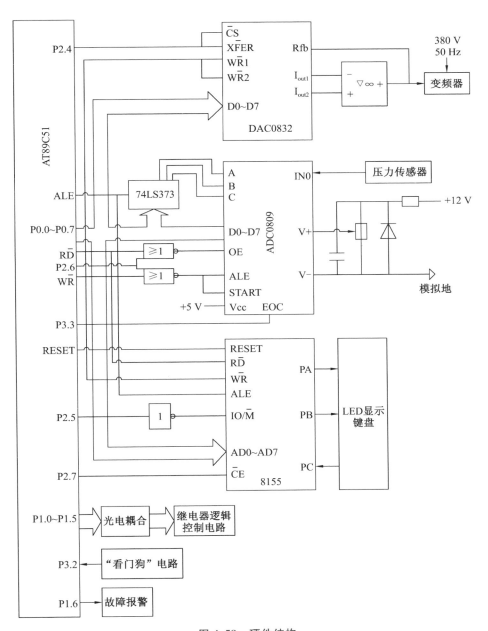

图 4.58　硬件结构

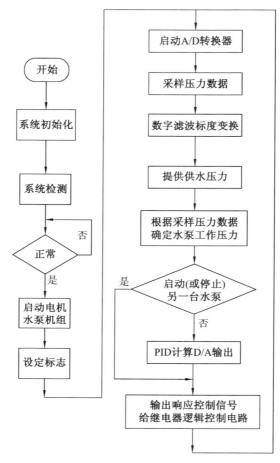

图 4.59　主程序流程图

② PID 算法子程序

PID 调节的实质就是根据输入的偏差值,按比例、积分、微分的函数关系进行计算,运算结果用以控制输出。

在模拟系统中,PID 算法的表达式为

$$y(t) = K_p e(t) + \frac{1}{T_i} \int e(t) dt + T_d \frac{de(t)}{dt}$$

式中:$y(t)$ 为调节器的输出信号;$e(t)$ 为调节器的偏差信号;K_p 为调节器比例系数;T_i 为调节器积分时间;T_d 为调节器微分时间。

由于单片机控制是一种采样控制,它只能根据采样时刻的偏差来计算控制量,因而在单片机控制系统中,必须首先对上式进行离散化处理,用数字形式的差分方程代替连续系统的微分方程,此时积分项和微分项可用求和及增量式表示。

③ A/D 转换中断服务子程序

为了充分发挥单片机的效率,A/D 转换采用中断的方式。在这种方式下,CPU 启动 A/D 转换后,即可转而执行主程序。一旦 A/D 转换结束,则由 A/D 转换器发送转换结束信号到单片机的 INT 管脚,CPU 响应中断后就转到中断服务程序读入数据,然后再返回主程序,这样就完成了一次 A/D 转换。在整个系统中,CPU 与 A/D 转换器并行工作,提高了工作效率。程序框图如图 4.60 所示,图 4.60a 为主程序中的初始化,图 4.60b 为中断服务程序。

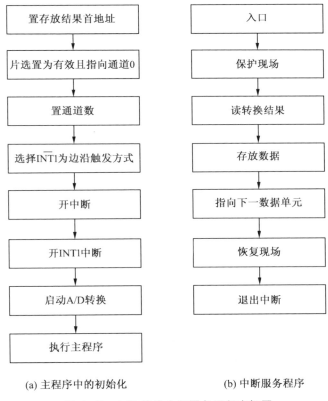

(a) 主程序中的初始化　　　　(b) 中断服务程序

图 4.60　A/D 转换中断服务子程序框图

④ D/A 转换子程序

D/A 转换采用单缓冲形式。当执行 OUT 指令时,CS 和 WR 为低电平,CPU 输出的数据进入 DAC0832 的 8 位输入锁存器,再经 8 位 ADC 缓冲器送入 D/A 转换网络进行转换。程序框图如图 4.61 所示。

⑤ 数字滤波子程序

在单片机应用系统的输入信号中,均含有各种噪声和干扰,它们来自被测信号源本身、传感器、外界干扰等。为了进行准确测量和控制,必须尽可能减少被测信号中的噪声和干扰。对于随机干扰,可以用数字滤波的方法予以削弱或消除。所谓滤波,就是通过一定的计算或判断程序来减少干扰信号在有用信号中的比例的方法。滤波的主要方法有以下几种:

a. 算术平均值法

算术平均值法适用于一般的具有随机干扰的信号,特别适用于信号本身在某一数值范围附近

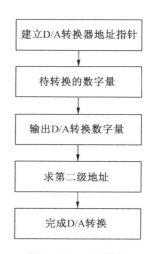

图 4.61　D/A 转换子程序框图

上下波动的情况,如流量、液平面等信号的测量。算术平均值滤波是要寻找一个 $Y(k)$,使该值与各采样值之间误差的平方和为最小,即

$$S = \min\left[\sum_{i=1}^{N} e^2(i)\right] = \min \sum_{i=1}^{N} \left[Y(u) - X(i)\right]^2 \qquad (4\text{-}32)$$

由一元函数求极值原理,得

$$\overline{Y}(k) = \frac{1}{N}\sum_{i=1}^{N} X(i)$$

式中:$\overline{Y}(k)$ 为第 k 次 N 个采样值的算术平均值;$X(i)$ 为第 i 次采样值;N 为采样次数。

式(4-32)是算术平均值法数字滤波公式。采样次数 N 取决于对参数平滑度和灵敏度的要求。随着 N 值的增大,平滑度将提高,灵敏度将降低。应按具体情况选取 N,如对一般流量测量,可取 $N=8\sim16$;对压力测量,可取 $N=8$。由此可见,算术平均值法滤波的实质是把周期内 N 次采样值相加,然后再除以采样次数 N,即得到周期的采样值。

算术平均值滤波主要用于对压力、流量等周期脉动的参数采样值进行平滑加工,但对脉冲性干扰的平滑作用尚不理想。因而,它不适用于脉冲性干扰比较严重的场合。

b. 滑动平均值法

上面介绍的算术平均值法,每计算一次数据,需测量 N 次。对于测量速度较慢或要求数据计算效率较高的实时系统,该方法是无法适用的。这时就

要选用滑动平均值法。滑动平均值法采用队列作为测量数据存储器,队列的队长固定为 N,每进行一次新的测量,把测量结果放入队尾,而扔掉原来队首的数据。计算平均值时,只要把队列中的 N 个数据进行算术平均就可得到新的算术平均值。

c. 防脉冲干扰平均值法

在工业控制等应用场合,经常会遇到尖脉冲干扰现象。干扰通常只影响个别采样点的数据,此数据与其他采样点的数据相差比较大。如果采用一般的平均值法,则干扰将"平均"到计算结果中去,故平均值法不易消除由于脉冲干扰而引起的采样值的偏差。为此,可先对 N 个数据进行比较,去掉其中的最大值和最小值,然后计算余下的 $N-2$ 个数据的算术平均值。

在数字滤波子程序中采用的就是算术平均值法,每次在一个周期内采集 8 个数据,然后取其平均值。设采样值放在以 SAMP 为首地址的内存单元,可写出算术平均滤波程序框图,如图 4.62 所示。

4.3.2 PLC 控制系统

本设计是以供水系统为设计对象,采用 PLC 和变频相结合的技术,

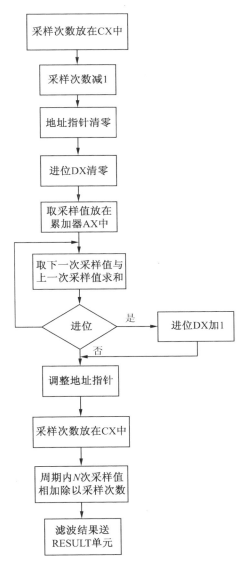

图 4.62 数字滤波子程序框图

并使用计算机对供水系统进行远程监控和管理,以保证供水系统安全可靠地运行。PLC 控制变频恒压供水系统主要有变频器、可编程控制器、压力变送器,它们和水泵机组一起组成一个完整的闭环调节系统。本设计中有 4 台泵,大泵电机功率均为 220 kW,小泵功率均为 160 kW;所有泵可设计成变频循环软启动的工作方式;采用 PID 算法实现水压的闭环控制;系统具有自动/手动

操作功能；系统具有故障自诊和自处理能力，对过流、欠压、过压等变频器故障均能自行诊断，并发出报警信号。

根据变频恒压供水系统的原理，系统的电气控制总框图如图 4.63 所示。

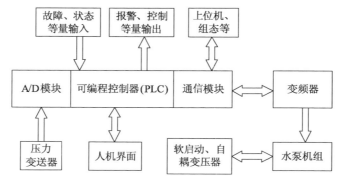

图 4.63　系统的电气控制总框图

（1）硬件设计

① PLC 及其扩展模块的选型

PLC 是整个变频恒压供水控制系统的核心，它需要完成对系统中所有输入信号的采集、所有输出单元的控制、恒压的实现及对外的数据交换。因此，在选择 PLC 时，要考虑 PLC 的指令执行速度、指令丰富程度、内存空间、通信接口及协议、带扩展模块的能力和编程软件的方便与否等多方面因素。由于恒压供水自动控制系统控制设备相对较少，因而 PLC 选用德国 SIEMENS 公司的 S7-200 型。S7-200 型 PLC 的结构紧凑，价格低廉，具有较高的性价比，广泛适用于一些小型控制系统。SIEMENS 公司的 PLC 具有可靠性高、可扩展性好、通信指令较丰富、通信协议简单等优点；PLC 还可以上接工控计算机，对自动控制系统进行监测控制。PLC 和上位机的通信采用 PC/PPI 电缆，支持点对点接口（PPI）协议，PC/PPI 电缆可以方便地实现 PLC 的通信接口 RS485 到 PC 机的通信接口 RS232 的转换，用户程序有三级口令保护，可以有效对程序实施安全保护。

根据控制系统实际所需的端子数目，并考虑 PLC 端子数目要有一定的预留量，因此，选用的 S7-200 型 PLC 的主模块为 CPU226。其开关量输出为 16 点，输出形式为 AC 220 V 继电器输出；开关量输入为 24 点，输入形式为 +24 V 直流输入。因为实际中需要模拟量输入点 1 个，模拟量输出点 1 个，所以需要扩展，扩展模块选择的是 EM235。该模块有 4 个模拟输入（AIW）、1 个模拟输出（AQW）信号通道。输入信号接入端口时能够自动完成 A/D 的转换,标准输入信号能够转换成一个字长(16 bit)的数字信号;输出信号接出端口时能够自动完成 D/A 的转换,一个字长(16 bit)的数字信号能够转换成标准输出信号。EM235 模块可以针对不同的标准输入信号,通过 DIP 开关进行设置。

② 主电路分析及其设计

基于 PLC 的变频恒压供水系统主电路图如图 4.64 所示。4 台电机分别为 M_1,M_2,M_3,M_4,它们分别带动水泵 1♯,2♯,3♯,4♯。接触器 KM1,KM3,KM5,KM7 分别控制 M_1,M_2,M_3,M_4 的工频运行;接触器 KM2,KM4,KM6,KM8 分别控制 M_1,M_2,M_3,M_4 的变频运行;KH1,KH2,KH3,KH4 分别为 4 台水泵电机过载保护用的热继电器;FU1 为主电路的熔断器。

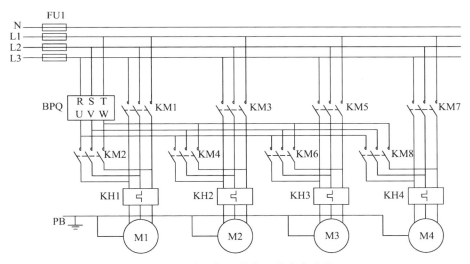

图 4.64　变频恒压供水系统主电路图

本系统采用三泵循环变频运行方式,即 4 台水泵中只有 1 台水泵在变频器控制下做变速运行,其余水泵在工频下做恒速运行。在用水量较小的情况下,如果变频泵连续运行时间超过 3 h,则要切换下一台水泵,即系统具有"倒泵功能",避免某一台水泵工作时间过长。因此,在同一时间内只能有一台水泵工作在变频下,但不同时间段内 4 台水泵均可轮流作变频泵。

三相电源经低压熔断器、隔离开关接至变频器的 R,S,T 端,变频器的输出端 U,V,W 通过接触器的触点接至电机。当电机在工频运行时,连接至变频器的隔离开关及变频器输出端的接触器断开,接通工频运行的接触器和隔离开关。主电路中的低压熔断器除接通电源外,也同时实现短路保护。每台电机的过载保护由相应的热继电器 FR 实现。变频和工频两个回路不允许同时接通。变频器的输出端绝对不允许直接接电源,必须经过接触器的触点。当电机接通工频回路时,变频回路接触器的触点必须先行断开。同样,从工频转为变频时,也必须先将工频接触器断开,才允许接通变频器输出端接触器,所以,KM1 和 KM2,KM3 和 KM4,KM5 和 KM6,KM7 和 KM8 绝对不能同时有动作,它们相互之间必须设计可靠的互锁。为监控电机负载运行情况,主回路的电流大小可以通过电流互感器和变送器将 4～20 mA 电流信号送至上位机来显示。同时,可以通过转换开关接电压表来显示线电压。通过转换开关,可利用同一个电压表显示不同相之间的线电压。初始运行时,必须观察电机的转向,使之符合要求。如果转向相反,则可以改变电源的相序来获得正确的转向。不能通过直接断开主电路(如直接使熔断器或隔离开关断开)的方式实现系统启动、运行和停止,而必须通过变频器来实现软启动和软停。为增大变频器的功率因数,必须接电抗器。当采用手动控制时,必须采用自耦变压器降压启动或软启动的方式以减小电流。本系统采用的是软启动器。

③ 系统控制电路分析及其设计

系统实现恒压供水的主体控制设备是 PLC,控制电路的合理性、程序的可靠性直接关系到整个系统的运行性能。本系统采用 SIEMENS 公司的 S7-200 系列 PLC,它体积小,执行速度快,抗干扰能力强,性能优越。

PLC 主要是用于实现变频恒压供水系统的自动控制,具体需要实现以下功能:自动控制 4 台水泵的投入运行;能在 4 台水泵之间实现变频泵的切换;3 台水泵在启动时要有软启动功能;对水泵的操作要有手动/自动控制功能,手动只在应急或检修时临时使用;系统要有完善的报警功能并能显示运行状况。

图 4.65 为电控系统控制电路图。图中,SA 为手动/自动转换开关,SA 拨至 1 的位置时为手动控制状态;拨至 2 的位置时为自动控制状态。手动运行时,可用按钮 SB1～SB8 控制 4 台水泵的启/停;自动运行时,系统在 PLC 程序控制下运行。

图 4.65 中的 HL10 为自动运行状态电源指示灯。本系统通过一个中间继电器 KA 的触点对变频器进行变频控制。图中的 Q0.0～Q0.7 及 Q1.1～Q1.5 为 PLC 的输出继电器触点。

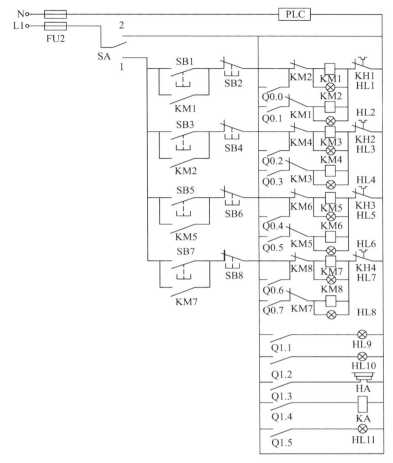

图 4.65　变频恒压供水系统控制电路图

注：PLC 各 I/O 端口、各指示灯所代表的含义在后面 I/O 端口分配中将详细介绍。

本系统在手动/自动控制下的运行过程如下：

a. 手动控制。手动控制只在检查故障原因时才会用到，便于电机故障的检测与维修。单刀双掷开关 SA 拨至 1 端时开启手动控制模式，此时可以通过开关分别控制 4 台水泵电机在工频下的运行和停止。SB1 按下时由于 KM2 常闭触点接通电路使 KM1 的线圈得电，KM1 的常开触点闭合从而实现自锁功能，电机 M_1 可以稳定地运行在工频下。只有当 SB2 按下时才会切断电路，KM1 线圈失电，电机 M_1 停止运行。同理，可以通过按下 SB3，SB5，SB7 启动电机 M_2，M_3，M_4，通过按下 SB4，SB6，SB8 来使电机 M_2，M_3，M_4 停机。

b. 自动控制。在正常情况下，变频恒压供水系统工作在自动状态下。单刀双掷开关 SA 拨至 2 端时开启自动控制模式,自动控制的工作状况由 PLC 程序控制。Q0.0 输出 1♯水泵工频运行信号,Q0.1 输出 1♯水泵变频运行信号。当 Q0.0 输出 1 时,KM1 线圈得电,1♯水泵工频运行指示灯 HL1 点亮,同时 KM1 的常闭触点断开,实现 KM1,KM2 的电气互锁。当 Q0.1 输出 1 时,KM2 线圈得电,1♯水泵变频运行指示灯 HL2 点亮,同时 KM2 的常闭触点断开,实现 KM2,KM1 的电气互锁。同理,2♯,3♯,4♯水泵的控制原理也是如此。当 Q1.1 输出 1 时,水池水位上下限报警指示灯 HL9 点亮;当 Q1.2 输出 1 时,变频器故障报警指示灯 HL10 点亮;当 Q1.3 输出 1 时,报警电铃 HA 响起;当 Q1.4 输出 1 时,中间继电器 KA 的线圈得电,常开触点 KA 闭合使得变频器的频率复位,处于自动控制状态下,当 Q1.5 输出 1 时,白天供水模式指示灯 HL11 点亮。

④ PLC 的 I/O 端口分配及外围接线图

基于 PLC 的变频恒压供水系统设计的基本要求如下:

a. 由于白天和夜间小区用水量明显不同,本设计采用白天供水和夜间供水两种模式,两种模式下设定的给定水压值不同。白天,小区的用水量大,系统高恒压值运行;夜间,小区的用水量小,系统低恒压值运行。

b. 在用水量小的情况下,如果一台水泵连续运行时间超过 3 h,则要切换下一台水泵,即系统具有"倒泵功能",避免某一台水泵工作时间过长。倒泵只用于系统只有一台变频泵长时间工作的情况。

c. 考虑节能和水泵寿命的因素,各水泵的切换遵循"先启先停、先停先启"原则。

d. 4 台水泵在启动时要有软启动功能,对水泵的操作要有手动/自动控制功能,手动只在应急或检修时临时使用。

e. 系统要有完善的报警功能。

根据以上控制要求,控制系统的输入、输出信号的名称、代码及地址编号如表 4.12 所示。

表 4.12　输入、输出信号的名称、代码及地址编号

	名称	代码	地址编号
输入信号	供水模式信号(1—白天;0—夜间)	SA1	I0.0
	水池水位上下限信号	SLHL	I0.1
	变频器报警信号	SU	I0.2
	试灯按钮	SB9	I0.3
	压力变送器输出模拟量电压值	Up	AIW0

续表

名称		代码	地址编号
输出信号	1♯泵工频运行接触器及指示灯	KM1,HL1	Q0.0
	1♯泵变频运行接触器及指示灯	KM2,HL2	Q0.1
	2♯泵工频运行接触器及指示灯	KM3,HL3	Q0.2
	2♯泵变频运行接触器及指示灯	KM4,HL4	Q0.3
	3♯泵工频运行接触器及指示灯	KM5,HL5	Q0.4
	3♯泵变频运行接触器及指示灯	KM6,HL6	Q0.5
	4♯泵工频运行接触器及指示灯	KM7,HL7	Q0.6
	4♯泵变频运行接触器及指示灯	KM8,HL8	Q0.7
	水池水位上下限报警指示灯	HL9	Q1.1
	变频器故障报警指示灯	HL10	Q1.2
	报警电铃	HA	Q1.3
	变频器频率复位控制	KA	Q1.4
	白天模式运行指示灯	HL11	Q1.5
	变频器输入电压信号	Uf	AQW0

结合系统控制电路图 4.65 和 PLC 的 I/O 端口分配表 4.12,可画出 PLC 及扩展模块外围接线图,如图 4.66 所示。

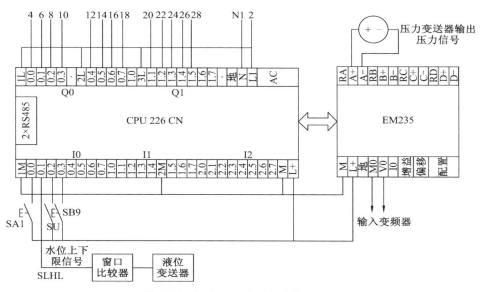

图 4.66　PLC 及扩展模块外围接线图

本变频恒压供水系统有 5 个输入量,其中包括 4 个数字量和 1 个模拟量。压力变送器将测得的管网压力输入 PLC 的扩展模块 EM235 的模拟量输入端口作为模拟量输入;开关 SA1 用来控制白天/夜间两种模式之间的切换,并作为开关量输入 I0.0;液位变送器把测得的水池水位转换成标准电信号后送入窗口比较器;在窗口比较器中设定水池水位的上下限,当超出上下限时,窗口比较器输出高电平 1,送入 I0.1;变频器的故障输出端与 PLC 的 I0.2 相连,作为变频器故障报警信号;开关 SB9 与 I0.3 相连作为试灯信号,用于手动检测各指示灯是否正常工作。

本变频恒压供水系统有 13 个数字量输出信号和 1 个模拟量输出信号。Q0.0~Q0.7 分别输出 4 台水泵电机的工频/变频运行信号;Q1.1 输出水位超限报警信号;Q1.2 输出变频器故障报警信号;Q1.3 输出报警电铃信号;Q1.4 输出变频器复位控制信号;Q1.5 输出白天模式运行信号;AQW0 输出的模拟信号用于控制变频器的输出频率。

(2)软件设计

① 软件设计分析

硬件连接确定之后,系统的控制功能主要通过软件实现。结合泵站的控制要求,对泵站软件设计分析如下:

a. 由"恒压"要求出发的工作泵组数量管理

为了恒定水压,在水压降落时要增大变频器的输出频率,且在一台水泵工作不能满足恒压要求时,启动第二台水泵。判断需启动新水泵的标准是变频器的输出频率达到设定的上限值。这一功能可通过比较指令实现。为了判断变频器工作频率达上限值的真实性,应滤去偶然的频率波动引起的频率达到上限的情况,在程序中应考虑采取时间滤波。

b. 多泵组泵站管理规范

由于变频器泵站希望每一次启动电机均为软启动,且各台水泵必须交替使用,因而多泵组泵站的投运需规范管理。在本设计控制要求中规定任一台泵连续变频运行不得超过 3 h,因此每次需启动新水泵或切换变频泵时,以新运行泵为变频泵是合理的。

具体的操作方法:将现行运行的变频泵从变频泵上切除,并连接工频电源运行,将变频器复位并用于新运行泵的启动。除此之外,泵组管理还有一个问题就是泵的工作循环控制。本设计中使用泵号加 1 的方法实现变频泵的循环控制,用工频泵的总数结合泵号实现工频泵的轮换工作。

c. 程序的结构及程序功能的实现

由于模拟量单元及 PID 调节都需要编制初始化及中断程序,本程序可分为三部分:主程序、子程序和中断程序。系统初始化的一些工作在初始化子程序中完成,这样可以节省扫描时间。利用定时器中断功能实现 PID 控制的定时采样及输出控制。主程序的功能最多,如泵切换信号的生成、泵组接触器逻辑控制信号的综合及报警处理等。白天、夜间模式的给定压力值不同,两个恒压值是采用数字方式直接在程序中设定的。白天模式下系统设定值为满量程的 90%,夜间模式下系统设定值为满量程的 70%。

程序中使用的 PLC 元件及其功能如表 4.13 所示。

表 4.13　程序中使用的 PLC 元件及其功能

器件地址	功能	器件地址	功能
VD100	过程变量标准化值	T36	工频/变频转换逻辑控制
VD104	压力给定值	T37	工频泵增泵滤波时间控制
VD108	PID 计算值	T38	工频泵减泵滤波时间控制
VD112	比例系数 K_c	M0.0	故障结束脉冲信号
VD116	采样时间 T_s	M0.1	水泵变频启动脉冲(增泵)
VD120	积分时间 T_i	M0.2	水泵变频启动脉冲(减泵)
VD124	微分时间 T_d	M0.3	倒泵变频启动脉冲
VD204	变频运行频率下限值	M0.4	复位当前变频泵运行脉冲
VD208	变频运行频率上限值	M0.5	当前泵工频运行启动脉冲
VD250	PID 调节结果存储单元	M0.6	新泵变频启动脉冲
VB300	变频工作泵的泵号	M2.0	泵工频/变频转换逻辑控制
VB301	工频运行泵的总台数	M2.1	泵工频/变频转换逻辑控制
VD310	变频运行时间存储器	M2.2	泵工频/变频转换逻辑控制
T33	工频/变频转换逻辑控制	M2.3	泵工频/变频转换逻辑控制
T34	工频/变频转换逻辑控制	M3.0	故障信号汇总
T35	工频/变频转换逻辑控制	M3.1	水池水位越限逻辑

② 控制系统主程序设计

PLC 主程序主要由系统初始化程序,增、减泵判断和相应操作程序,水泵的启动程序,各水泵变频运行控制逻辑程序,各水泵工频运行控制逻辑程序,以及报警和故障处理程序等构成。

a. 系统初始化程序

在系统开始工作前,要先对整个系统进行初始化。启动后,先对系统各部分的当前工作状态进行检测,若出错则报警;然后对变频器变频运行的上下限频率、PID控制的各参数进行初始化处理,赋予一定的初值;在初始化子程序的最后进行中断连接。系统初始化是在主程序中通过调用子程序来实现的。在初始化后,紧接着要设定白天/夜间两种供水模式下的水压给定值及变频泵泵号和工频泵投入台数。

b. 增、减泵判断和相应操作程序

当PID调解结果大于等于变频运行上限频率(或小于等于变频运行下限频率)且水泵稳定运行时,定时器计时5 min(以便消除水压波动的干扰)后执行工频泵台数加1(或减1)操作,并产生相应的泵变频启动脉冲信号。

c. 水泵的软启动程序

增减泵或倒泵时复位变频器,为软启动做准备,同时变频泵号加1,并产生当前泵工频启动脉冲信号和下一台水泵变频启动脉冲信号,延时后启动运行。

当只有一台变频泵长时间运行时,需对其连续运行的时间进行判断,超过3 h则自动倒泵变频运行。

d. 各水泵变频运行控制逻辑程序

各水泵变频运行控制逻辑大体上是相同的,现以1♯水泵为例进行说明。当第一次上电、故障消除或者产生1♯水泵变频启动脉冲信号并且系统无故障产生、未产生复位1♯水泵变频运行信号,Q0.1置1,KM2常开触点闭合接通变频器,使1♯水泵变频运行;同时KM2常闭触点打开,防止KM1线圈得电,从而在变频和工频之间实现良好的电气互锁。KM2的常开触点还可实现自锁功能。

e. 各水泵工频运行控制逻辑程序

水泵的工频运行不但取决于变频泵的泵号,还取决于工频泵的台数。由于各水泵工频运行控制逻辑大体上是相同的,现以1♯水泵为例进行说明。产生当前泵工频运行启动脉冲后,若当前2♯水泵处于变频运行状态且工频泵数大于0,或者当前3♯水泵处于变频运行状态且工频泵数大于1,抑或当前4♯水泵处于变频运行状态且工频泵数大于1,则Q0.0置1,KM1线圈得电,使得KM1常开触点闭合,1♯水泵工频运行;同时KM1常闭触点打开,防止KM2线圈得电,从而在变频和工频之间实现良好的电气互锁。KM1的常开触点还可实现自锁功能。

f. 报警和故障处理程序

本系统包括水池水位越限报警指示灯、变频器故障报警指示灯、白天模式运行指示灯及报警电铃。当故障信号产生时,相应的指示灯会出现闪烁的现象,同时报警电铃响起。试灯按钮按下时,各指示灯会一直点亮。

故障发生后,重新设定变频泵号和工频泵运行台数;在故障结束后,产生故障结束脉冲信号。

变频恒压供水系统主程序流程图如图 4.67 所示。

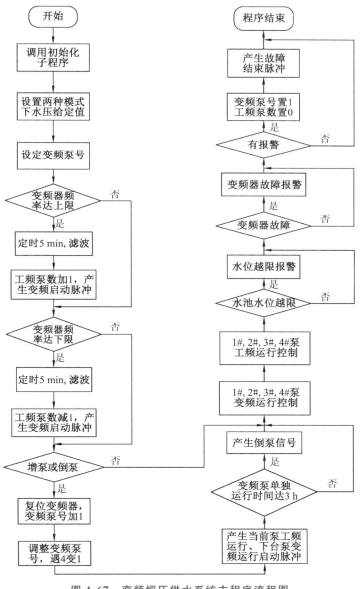

图 4.67　变频恒压供水系统主程序流程图

由于在图 4.67 中并未对各台水泵的变频和工频运行控制做详细介绍,因而用图 4.68 和图 4.69 对其做了完整的补充。图 4.68 是以 2♯泵为例的变频运行控制流程图,图 4.69 是以 2♯泵为例的工频运行控制流程图。1♯,3♯,4♯泵的运行控制情况与 2♯泵相似。

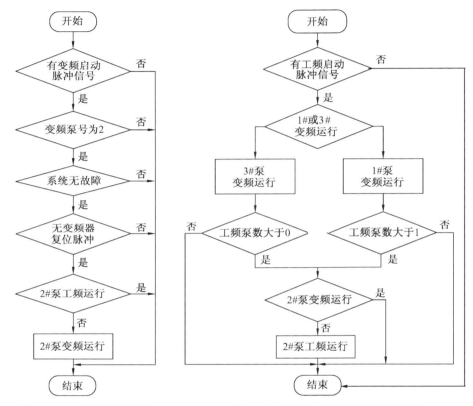

图 4.68 2♯泵变频运行
控制流程图

图 4.69 2♯泵工频运行控制流程图

③ 控制系统子程序设计

a. 初始化子程序 SBR_0

首先初始化变频运行的上下限频率,根据工程经验,泵变频运行的上下限频率分别为 50 Hz 和 20 Hz。假设所选变频器的输出频率范围为 0~100 Hz,则上下限频率给定值分别为 16 000 Hz 和 6 400 Hz。然后初始化 PID 控制的各参数(K_c,T_s,T_i,T_d),最后设置定时中断和中断连接。初始化子程序 SBR_0 梯形图如图 4.70 所示。

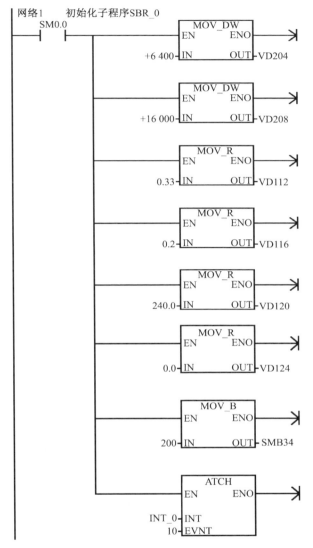

图 4.70 初始化子程序 SBR_0 梯形图

b. PID 控制中断子程序

首先将由 AIW0 输入的采样数据进行标准化转换。经过 PID 运算后,再将标准值转化成输出值,由 AQW0 输出模拟信号。PID 控制中断子程序 INT_0 梯形图如图 4.71 所示。

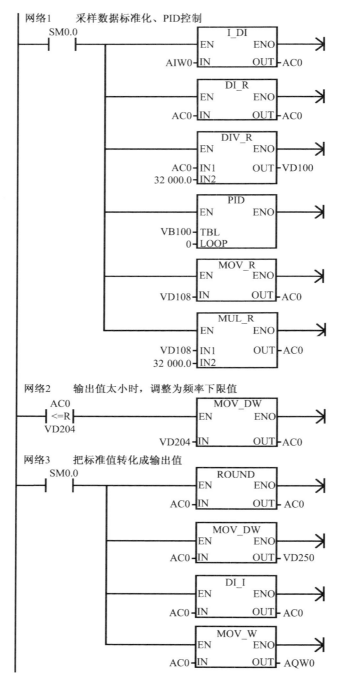

图 4.71　PID 控制中断子程序 INT_0 梯形图

变频恒压供水系统主程序梯形图如图 4.72 所示。

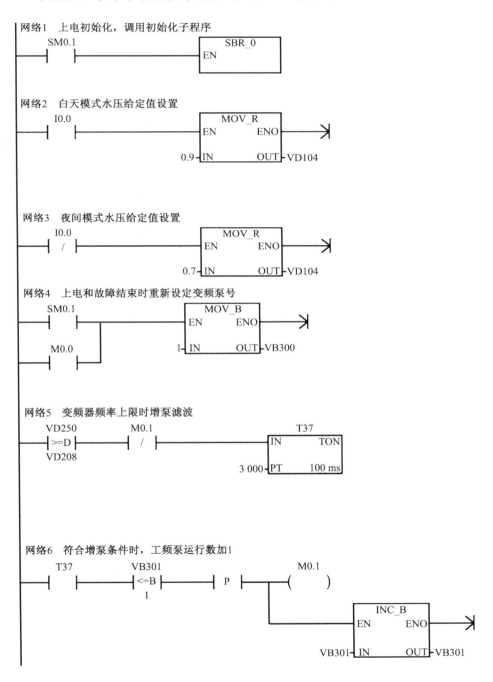

网络1　上电初始化，调用初始化子程序

网络2　白天模式水压给定值设置

网络3　夜间模式水压给定值设置

网络4　上电和故障结束时重新设定变频泵号

网络5　变频器频率上限时增泵滤波

网络6　符合增泵条件时，工频泵运行数加1

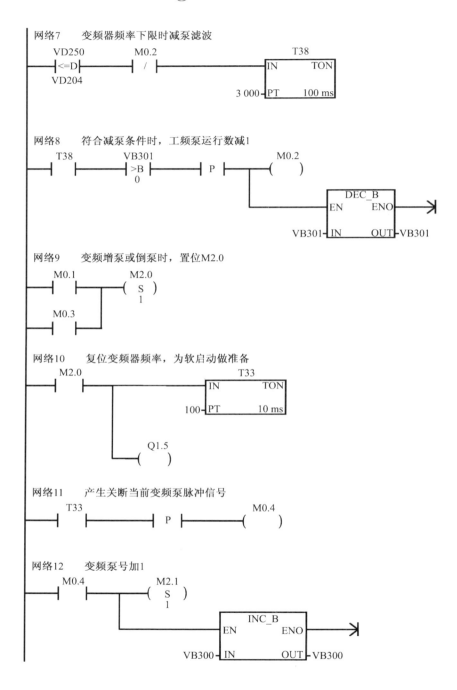

网络7　变频器频率下限时减泵滤波

网络8　符合减泵条件时，工频泵运行数减1

网络9　变频增泵或倒泵时，置位M2.0

网络10　复位变频器频率，为软启动做准备

网络11　产生关断当前变频泵脉冲信号

网络12　变频泵号加1

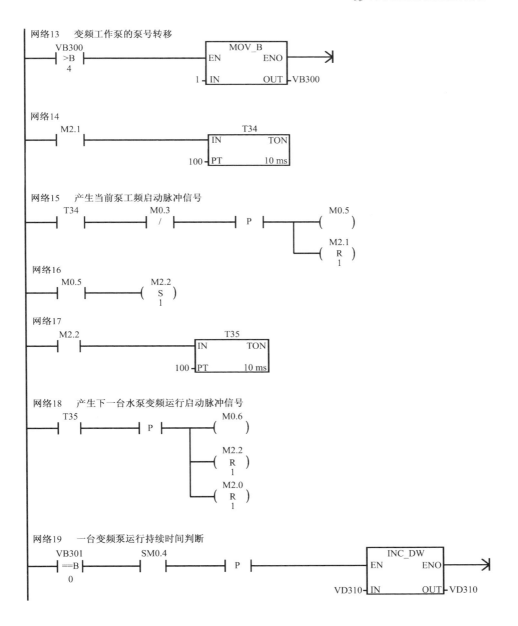

网络13　变频工作泵的泵号转移

网络14

网络15　产生当前泵工频启动脉冲信号

网络16

网络17

网络18　产生下一台水泵变频运行启动脉冲信号

网络19　一台变频泵运行持续时间判断

网络20   3 h时间到，则产生下一台泵的变频启动信号

```
   VD310                              M0.3
  |>=D|────────────| P |──────────(    )
   180                    │
                          │           ┌──────MOV_DW──────┐
                          │           EN            ENO  ├──────>
                          │                              
                          └────────0─┤IN           OUT├─VD310
```

网络21   有工频泵运行时，复位VD310

```
   VB301              ┌──────MOV_DW──────┐
  |<>B|───────────────EN            ENO  ├──────>
    n                 
                   0─┤IN           OUT├─VD310
```

网络22   1#泵变频运行控制逻辑

```
   SM0.1    VB300     M3.0     M0.4     Q0.0          Q0.1
  ──| |──┬──|==B|──┬──|/|──────| |──────|/|────────────(    )
   M0.0  │    1    │
  ──| |──┤         │
   M0.6  │         │
  ──| |──┘         │
   Q0.1            │
  ──| |────────────┘
```

网络23   2#泵变频运行控制逻辑

```
   M0.6     VB300     M3.0     M0.4     Q0.2          Q0.3
  ──| |──┬──|==B|──┬──|/|──────| |──────|/|────────────(    )
   Q0.3  │    2    │
  ──| |──┘         │
```

网络24   3#泵变频运行控制逻辑

```
   M0.6    VB 300     M3.0     M0.4     Q0.4          Q0.5
  ──| |──┬──|==B|──┬──|/|──────| |──────|/|────────────(    )
   Q0.5  │    3    │
  ──| |──┘         │
```

网络25 4#泵变频运行控制逻辑

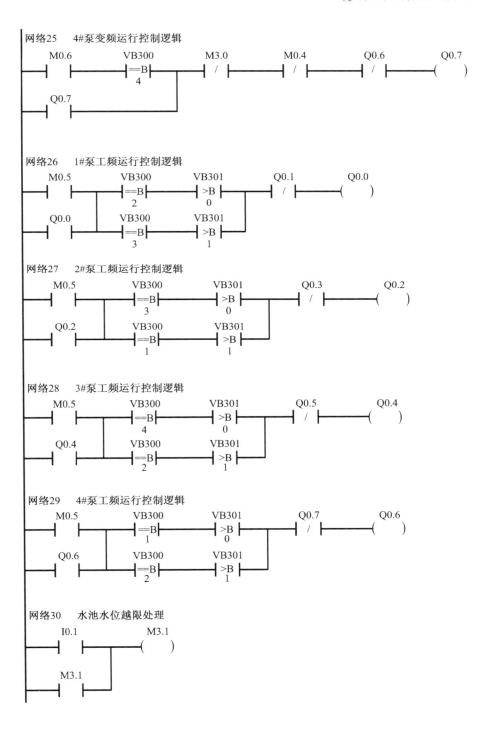

网络26 1#泵工频运行控制逻辑

网络27 2#泵工频运行控制逻辑

网络28 3#泵工频运行控制逻辑

网络29 4#泵工频运行控制逻辑

网络30 水池水位越限处理

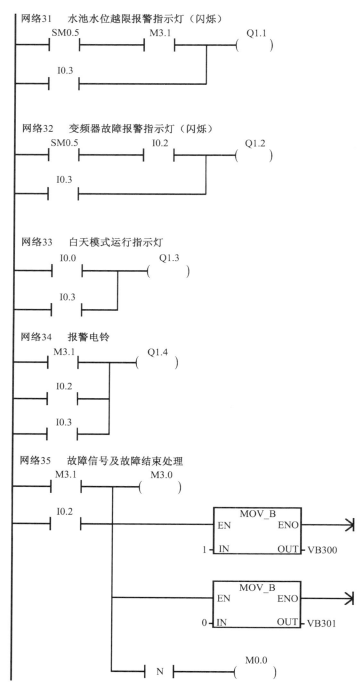

图 4.72　变频恒压供水系统主程序梯形图

5

离心泵系统优化配置

配置和运行方式是泵系统设计与管理中两个最重要的课题,两者密切相关,互为制约。运行方式是在系统配置的基础上进行的,若配置不合理会制约优化运行策略的实施;运行工况是由管路和水泵机组的性能共同决定的,合理的配置是实现优化运行的基础。

5.1 离心泵优化选型

在泵系统之中,泵是灵魂所在。合理优化选型是保证工程正常经济运行的重要前提。在工程设计阶段,如果没有充分考虑各种因素而未选择最优水泵方案,就会导致运行效率偏低、能耗过高、水资源浪费、运行费用较高等问题,有的甚至导致设备无法正常工作。因此,离心泵的优化选型在泵系统节能研究中尤为重要。

5.1.1 选型基本原则

水泵选型包括水泵类型、型号的选择和台数的确定。水泵是泵站中的主要设备,它按照供水要求正常而高效地运转,是实现供水目标并获得最佳经济效果的关键所在。同时,水泵选型决定着配套动力机、辅助设备选型和泵站枢纽建筑物尺寸的确定。如果水泵选型不合理,不仅会使工程投资增加,还会造成水泵长期偏离高效区运行,使工程能耗增加,从而增加工程运行费用。因此,在泵系统设计中,首先应合理地选择水泵,并在此基础上选配适当的动力机和辅助设备,选择设计适宜的泵站枢纽建筑物尺寸与其配套,使整个供水工程满足供水要求的同时,高效、节能、安全、经济地运行。

水泵的选型过程可参考《泵站设计规范》(GB 50265—2010),该规范对水泵选型提出了明确的要求。

① 充分满足流量和扬程的要求。尽量使所选水泵工作在泵站设计扬程运行时的工作点,在其设计额定工况点附近;当在平均扬程时,水泵应于高效区运行在泵站最高及最低扬程运行时的工作点或经调节后的工作点,要求安全、稳定。

② 选用性能良好,并与泵站扬程、流量变化相适应的泵型。首先,应在已定型的系列产品中,选用效率高、吸水性能好、适用范围广的水泵。当有多种泵型可供选择时,应进行技术经济比较,择优采用。在系列产品不能满足要求时,可试制新产品,但必须进行模型和装置试验,在通过技术鉴定后方可采用。对于扬程变幅较大的系统,宜选用流量-扬程曲线陡降的水泵,在流量变化较大的泵站,宜选用流量-扬程曲线平缓的水泵。

③ 所选水泵型号和台数应使泵站建设的投资设备费和土建投资的总和最少。

④ 便于运行调度、维修和管理。

⑤ 对梯级提水泵站,水泵的型号和台数应满足上下级泵站的流量配合要求,尽量避免或减少因流量配合不当而导致的弃水。

⑥ 在必要的情况下,尽量满足综合利用的要求。

5.1.2 选型方法

(1) 按照设计年份的扬程和流量选泵

根据设计年的总扬程,从水泵型谱图中选择几种不同型号的水泵,在综合考虑工程安全、方便、投资的基础上,确定水泵型号和台数。这是一种工程上比较常见的选型方法。

以这种选型方法选择的水泵,只能保证在设计年份中水泵的效率最高。但水泵在多数年份的运行中,经常出现扬程比设计扬程低,所以,水泵在多年运行中,大多数年份都处于低效率运行,装置效率更低。因此,从节能观点看,这种选型方法不合理。

(2) 按中等年份的扬程和流量选泵

这种方法是以中等年份的扬程和流量为依据,在综合型谱图中选择几种泵型设计泵站,并比较各方案的经济性和合理性。这种方法一般不能满足设计年份的流量和扬程要求,尤其是设计标准高的情况下;但这种方案可以满足多年平均运行费用最低的要求。若设计要求高,由于设计年份的扬程与中等年份的扬程差值较大,设计年份的流量则偏小,可能出现无法同时满足选型原则的情况。

（3）按设计流量和节能要求选型

这种方法是先按中等年份的扬程在综合型谱图中选出几种泵型，并求出各种泵型在设计扬程下的流量，再以该流量和泵站的总流量为依据确定水泵台数，并对最大、最小扬程进行工况校核；然后根据所选水泵设计泵站，求出不同扬程时的装置效率，从而可以求出各种方案的总投资和多年平均的运行费用；经过技术经济分析，最后选择出最经济合理的泵型。对于扬程变化很大的泵站，可以采用调速、变角、车削叶轮外径或串并联的方法加以解决能耗过高的问题[98,99]。

5.1.3 选型步骤

经过工程技术人员与研究学者们的不断探索，水泵选型的方法越来越科学合理，水泵选型的步骤也趋于完善。

第一，根据供水下游用户的需求及水源区域的流量使用权限，确定泵系统的流量和扬程。针对流量变化较大的工程，应对流量过程线进行拟合计算，使得拟合结果与实际流量值在工程设计初期相吻合。泵站的设计流量可以采用频率计算的方法来确定。

第二，根据设计流量，初步确定水泵的台数及单泵流量，在确定过程中考虑水泵机组尺寸，工程投资成本，以及水泵之间流量组合能否满足泵站运行时的流量变化，减少水资源浪费，提高泵站节能水平。水泵台数较多时，单泵流量小，有利于流量组合，但是工程投资增多，管理维护难度较高；水泵台数较少时，不利于流量变化情形下的运行，造成水资源浪费。因此，水泵数量在4～5台为宜，以达到保证率符合标准，运行成本合理，管理维护方便的目标。

第三，依据工程的设计流量与设计扬程，考虑合理的水泵台数后，可以通过水泵性能表、性能曲线、型谱图等水泵数据初步选择合理的水泵方案。

第四，对初步选择的水泵方案进行工况校核。在工况计算前确定管路方案，包括管线布置、管材、管径等参数的确定，然后计算出管路的特性曲线，再求出工作点，校核工作点是否在高效区。在校核过程中还应考虑管路的安全运行，水力过渡过程是否满足安全要求。

第五，为了满足泵站运行时的高效节能，在水泵初选的基础上，应考虑采用水泵变频、变角、变速等手段来提高泵站的适应性与经济性。

第六，针对不同的水泵初选方案进行年运行费用的计算，结合工程技术经济比较，确定最优水泵方案。

5.1.4　水泵机组优化选型数学模型

（1）系统效率最高模型

在水泵机组优化选型的过程中，注重供水系统的全面选型计算是现在较为科学的建模思想。以单一水泵效率最高为目标模型，在计算结果中有其局限性，不能全面反映整个供水系统的优化选型方案。在模型的建立过程中，应该先全面考虑水泵机组多方面因素的影响，再建立对整个系统效率求最高值的模型较为科学合理。

① 整数规划的分支定界法

a. 目标函数

系统效率指的是供水系统的总效率，一般表示为电动机（电机）效率 $\eta_{动}$、水泵效率 $\eta_{泵}$、传动装置效率 $\eta_{传}$、管路效率 $\eta_{管}$、进出水池效率 $\eta_{池}$ 的乘积，即

$$\eta = \eta_{动} \times \eta_{泵} \times \eta_{传} \times \eta_{管} \times \eta_{池} \tag{5-1}$$

一般情况下，泵系统效率可以用水泵的装置效率与进出水池效率的乘积来表示。水泵的装置效率为

$$\eta_{装} = \frac{N_{出}}{N_{入}} \times 100\% = \frac{\gamma Q H_{净}}{1\,000 N_{入}} \times 100\% \tag{5-2}$$

一般情况下，进出水池能量损失所占比例较小，近似认为其效率为 100%，则泵系统效率可表示为

$$\eta = \eta_{装} \times \eta_{池} = \eta_{装} = K \times \sum_{i=1}^{m} \frac{Q_i x_i}{N_{入i}} \tag{5-3}$$

式中：η 为泵系统效率，%；γ 为水的容重，9 800 N/m³；Q_i 为单泵流量，m³/s；$H_{净}$ 为装置净扬程，m；$N_{入i}$ 为单泵电机的输入功率，kW；$K = \frac{\gamma H_{净}}{1\,000} \times 100\%$；$m$ 为初选水泵的种类。

（ⅰ）相同型号水泵系统的效率可表示为

$$\eta = \frac{\gamma Q H_{净}}{1\,000 N_{入}} \times 100\% = K \times \frac{\frac{Q_i}{N_{入i}}x}{x} = K \times \frac{Q_i}{N_{入i}} \tag{5-4}$$

式中：x 为初选水泵台数。

（ⅱ）不同型号水泵系统的效率可用机组平均效率表示。各台水泵功率之和表示总功率，函数关系式为

$$\frac{\gamma H \sum_{i=1}^{m} Q_i x_i}{1\,000 \eta_{泵}} = \sum_{i=1}^{m} \frac{\gamma H Q_i x_i}{1\,000 \eta_{泵}} \tag{5-5}$$

由式(5-5)求得

$$\eta_{泵} = \frac{\sum\limits_{i=1}^{m} Q_i x_i}{\sum\limits_{i=1}^{m} \dfrac{Q_i x_i}{\eta_i}} \tag{5-6}$$

式中：m 为所选水泵的种类；x_i 为第 i 种水泵台数；i 为水泵序号(1,2,3)。

联轴器将电机与水泵连接，是两部分的能量传递结构，其造成的能量损失较小。管路效率可表示为

$$\eta_{管} = \frac{H_{净}}{H_{净} + SQ^2} \tag{5-7}$$

式中：S 为管路阻力系数；Q 为水泵总流量，m^3/s。

通过水泵轴功率与电机额定功率之比可以求出电机效率。一般情况下，进出水池能量损失所占比例较小，传动损失较小，近似认为其效率为 100%，由式(5-5)、式(5-6)、式(5-7)求得系统效率为

$$\eta = \eta_{动} \times \eta_{泵} \times \eta_{管} = \eta_{动} \times \eta_{管} \times \frac{\sum\limits_{i=1}^{m} Q_i x_i}{\sum\limits_{i=1}^{m} \dfrac{Q_i x_i}{\eta_i}} \tag{5-8}$$

b. 模型约束条件

水泵选型台数 x_i 不能为负数、小数，其应满足为非负整数的约束条件，流量 Q 应满足生产需要、避免弃水，所以模型的约束条件可表示为

$$\begin{cases} x_1, x_2, \cdots, x_k \geqslant 0 \\ x_i \in \mathbf{N} \\ Q_{min} \leqslant Q \leqslant Q_{max} \end{cases} \tag{5-9}$$

② 常规系统寻优方法

与整数规划的分支定界法相同，系统效率 η 可以表示为

$$\eta = \eta_{动} \times \eta_{泵} \times \eta_{传} \times \eta_{管} \times \eta_{池} \tag{5-10}$$

一般情况下，近似认为传动装置效率为 100%，则系统效率公式可表示为

$$\eta = \eta_{动} \times \eta_{泵} \times \eta_{管} \tag{5-11}$$

a. 电机效率

水泵的动力机组曾经使用过柴油机，但随着工业技术的发展，柴油机已经被电机取代。电机的效率曲线是在大量试验的基础之上拟合而成的，该曲线反映的是电机负荷系数 β 与 η 之间的关系。电机效率可以根据效率曲线上相应的负荷系数查出。如果没有该负荷曲线，可使用表 5.1 进行效率预估。

表 5.1　电机效率与泵功率经验关系

功率	<10 kW	$10\sim100$ kW	>100 kW
电机效率	84%	88%	94%

b. 水泵效率

利用厂家提供的水泵基本参数对水泵的曲线进行二次抛物线拟合，即

$$\eta_{泵} = DQ^2 + EQ + F \tag{5-12}$$

根据水泵生产厂家所提供的参数（一般为 3 组数据），求得水泵效率的 3 个系数，再通过水泵工况点求出对应流量下的工作效率。

若厂家无法提供具体的测试结果，也可根据水泵标牌上的设计点参数，通过无因次特性曲线得到水泵性能曲线及数据。

无因次特性曲线是利用水泵在不同比转速下，其性能曲线的形状具有一定的普遍性的原理绘制。从事水泵研究的科研工作者，通过统计分析大量常规水泵的性能曲线，将这些性能曲线按百分比形式的坐标系绘制到同一个坐标系中。分别选取几个具有代表性的比转速曲线（n_s 为 66，110，153，212，280，400，638），利用这些曲线建立数据库（本书将流量按百分比分成 13 个点）；其他比转速曲线按线性插值进行计算。

以设计工况点的参数 Q_N，H_N，P_N，η_N 为 100%，非设计工况点的参数与设计工况点参数之比为 Q'，H'，P'，η'，即

$$Q' = Q/Q_N \times 100\% , \quad H' = H/H_N \times 100\%$$
$$P' = P/P_N \times 100\% , \quad \eta' = \eta/\eta_N \times 100\%$$

以 Q' 为横坐标，H'，P'，η' 为纵坐标，绘制无因次特性曲线，各种比转速的无因次特性曲线的形状如图 5.1 所示。

根据泵的无因次特性曲线可以绘制泵性能曲线，用于泵选型计算。

c. 管路效率

系统净扬程与总扬程之比为管路效率。其计算公式可表示为

$$\eta_{管} = \frac{H_{净}}{H_{净} + SQ^2} \tag{5-13}$$

式中：S 为管路阻力系数。

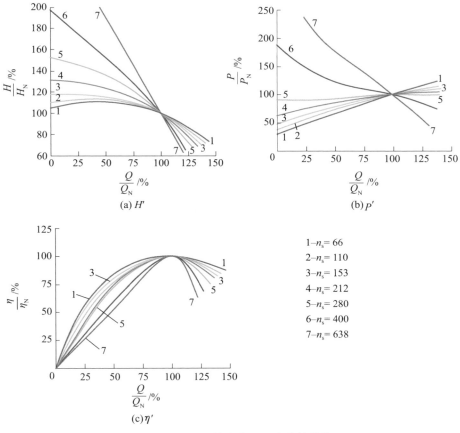

1—n_s= 66
2—n_s= 110
3—n_s= 153
4—n_s= 212
5—n_s= 280
6—n_s= 400
7—n_s= 638

图 5.1　各种比转速的无因次特性曲线

（2）年综合费用最小模型

供水工程的经济性是衡量工程设计好坏的重要标准,通过年综合费用最小的原则来选择水泵也是一种较为科学的选型方法。年综合费用为

$$\varepsilon = \varepsilon_1 + \varepsilon_2 \tag{5-14}$$

式中:ε 为泵系统年综合费用;ε_1 为泵系统年生产费用;ε_2 为年耗电费用。

年生产费用可以表示为

$$\varepsilon_1 = f_1 N\beta = K\beta \tag{5-15}$$

式中:f_1 为单位容量(kW)的工程造价;N 为总装机容量;β 为泵系统年折旧费;K 为总工程投资。

年耗电费用 ε_2 可表示为

$$\varepsilon_2 = \frac{f_2 \gamma Q H_z T}{102\eta} = \frac{f_2 \gamma H_z \sum Q}{102\eta} \tag{5-16}$$

式中：f_2 为电费单价；$\sum Q$ 为年总提水量；T 为年总运行时间；H_z 为系统多年平均净扬程；η 为装置效率。

经过上述计算，年综合费用最小的结果即为最优选型结果。

（3）系统功率最小模型

在供水工程规划设计阶段，无法准确给出工程的投资与运行费用，若以年综合费用最小模型计算会有很大的难度。为了简化计算，提高水泵选型工作的效率，基于装机容量对泵站的工程投资与运行费用都有较大影响的前提，可以将装机容量最小作为水泵选型的目标函数。

① 目标函数

$$S(x_1, x_2, \cdots, x_k) = c_1 x_1 + c_2 x_2 + \cdots + c_k x_k \tag{5-17}$$

式中：c_i 为初选水泵型号的额定功率（$i = 1, 2, 3, \cdots, k$，一般 $k \leqslant 3$）；x_i 为不同型号水泵所选择的数量。

② 约束条件

$$\begin{cases} x_1, x_2, \cdots, x_k \geqslant 0 \\ x_i \in \mathbf{N} \\ Q_{\min} \leqslant Q \leqslant Q_{\max} \end{cases} \tag{5-18}$$

该模型的计算是基于整数规划分支定界法。

在水泵选型计算的过程中，每一种计算模型的目标函数不同，计算结果可能也不尽相同。为了保证水泵选型结果的准确性与合理性，可以运用多种计算模型，经综合分析各项计算指标，再结合工程实际情况，讨论选择出一个满足工程运行实际的最优方案。

5.1.5　单调速方案的泵站机组配置

大多数泵站采用并联机组方式，但在水泵型号的搭配上不同的理念有不同的配置方法。为了方便管理和维护，一般采用相同型号配置。若不安装调速设备，则往往需要用阀门来调节工况，其原理如图 5.2 所示。

当水泵 1 运行到点 C 时，需要从单泵切换到双泵运行，这时若不调整阀门，则工况点会变到点 D，使流量大于需要的流量 Q_1，造成能量浪费。若用阀门使流量调节回到 Q_1，则水泵工况点会变到点 A，又会使扬程浪费在阀门上。如果泵站采用大小泵搭配方式，当水泵 1 运行到点 C 时，若只增加水泵 2 运行，则工况点只会变到点 E，可以减少流量浪费；若用阀门调节流量回到 Q_1，则水泵工况点会变到点 B，可以减少扬程的浪费，如图 5.2 中虚线所示。显然大小泵搭配越多,浪费越小,但泵站内水泵型号越多,管理和维护困难就越大。

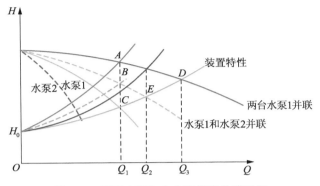

图 5.2　相同水泵和大小泵搭配并联运行

变频调速技术为解决这一问题提供了有利条件,如图 5.3 所示。当两台相同水泵并联运行时,工况点为 D。如果需求流量为 Q_2 时,采用变频器调节其中一台水泵的转速,使工况运行到点 B,这时流量和扬程都不会浪费。但是,当需求流量接近 Q_1 时,调速泵的转速会调得很低,这时固定泵与调速泵的流量分配会相差很大,以致于调速泵运行在小流量的低效区,使运行效率降低。于是,不少专家反对使用单调速方案,建议采用全调速方案,并建立了优化模型对单调速和全调速方案进行比较,说明全调速方案的调节能力和运行效率高于单调速方案。这些都是针对相同水泵配置的泵站开展研究的,而对大小搭配的泵站,建立优化模型进行这两种方案的计算比较至今未见有报道。实际上,从图 5.2 和图 5.3 的并联组合运行机理看,单调速方案通过水泵机组的大小组合是可以提高运行效率的,关键是怎样制订组合策略。

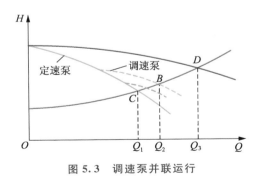

图 5.3　调速泵并联运行

一般离心泵的高效区大都处于$(0.5\sim1)Q$ 内,因而如果配置一台流量为其他水泵流量一半的过渡泵后，当需水量超过调速泵的最大流量时，启动过渡泵，调速泵只卸荷50%，其运行工况点仍处于高效区内。当流量继续达到1.5Q，将过渡泵切换至另一台固定泵，这时调速泵仍然只需卸荷50%，其运行工况还是处于高效区，如图5.4所示。

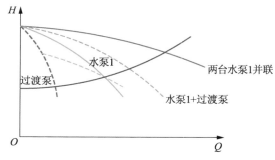

图 5.4　加过渡泵的单调速方案

对于设计扬程相等而流量较小的泵，其比转数低，效率不如大流量泵，所以使用过渡泵的单调速方案的运行效率比不用过渡泵时虽有所提高，但应该还有潜力可挖掘。一般情况下，离心泵的比转数越高，其效率也越高。对于大中型泵站而言，水泵通常采用6级以下的电机，转速都比较低。在选择小泵时，可使小泵的比转数提高一个等级，效率也会相应地提高，这样就可以使大小泵搭配的泵站在单变频器配置时运行效率有所提高，越接近全调速方案。

5.2　泵管路系统设计

在泵系统中，管路工程往往在建设投资中占较大的比例，在一些远距离输水工程中甚至超过了50%。管路摩阻、管线拐点等因素造成的管路沿程水头损失、管路局部水头损失消耗了大量的能源。因此，管路的设计选择是否合理直接关系到整个工程运行能否经济节能。泵站的管路主要分为进水管和出水管。由于进水管管长较短，形成的损失对整个工程影响较小，因而暂不对进水管路进行论述，主要对出水管路的优化节能设计进行研究讨论。

5.2.1　管线的配置

对于离心泵而言，进口流场越均匀，其运行效率就越高，因此系统在设计时就应该尽量防止泵进口的流场不均匀。在离心泵内，当流体介质从吸入管道系统流入叶轮孔时，这些流体介质被叶轮翼捕获并加速到端速。如果流动到叶轮孔内的流体不稳定,那么叶轮向流体传递能量的效率会非常低。另外,在泵吸入端的流场不稳定还会导致泵的振动,从而缩短泵的使用寿命并且使管道焊接部位及机械接头强度变弱。

(1) 管道配置问题

常见的管道配置问题主要有三种:流场分布不均匀、蒸汽淤积和涡流。

① 流场分布不均匀

管道系统配置经常导致流场分布不均匀。安装在泵前的弯头及阀门会干扰流体流动并降低泵的性能。当流速很高且吸入压力很低时,这个问题就更为突出。在这种条件下,由小径弯头或者截止阀产生的流动方向变化会导致高涡旋的产生,使泵性能下降。

② 蒸汽淤积

不良的管道系统布置造成的另一个问题是蒸汽淤积。如果吸入管道系统导致泵不具有恒定的斜率,水蒸气就会聚集到管道内的高点。蒸汽袋限制了流体流动,同时还促使压力波动进而导致泵的性能下降。

③ 涡流

如果流体表面下降到接近吸入进口会产生涡流,潜在产生吸入压头损耗或者使空气进入泵内。严重时会导致泵性能的大幅降低,甚至会损坏泵。在设计上,离心泵运行时不能没有流体。如果泵失去润滑,则机械密封、盘根及叶轮耐磨环将极易遭到损坏。

(2) 管道配置优化原则

优化泵系统管道配置有以下原则:

首先,在泵的上游建立均匀的流场分布,在泵的进口处采取直管段。如果泵的上游由于空间限制必须采用弯头,那么应当选取长径弯头。在某些情况下,流体介质要配置导流装置(如折流板或者转动叶片)来对流场进行优化。但是,必须注意保证导流装置的压力降不会产生汽蚀。

其次,选型时应当保证泵入口管道具有足够大的尺寸以尽可能地减少流体动力摩擦损失,最大限度地减少泵进口侧的压头损失以降低产生汽蚀的风险。

另外,管道或者管道附件之间的过渡部件及接头应当尽可能保持平滑,以免毛刺或者校准问题造成流动破坏。

靠近泵入口和出口的管道系统应当进行正确的支撑。许多泵及电机问题是由管道的反作用引起的,该作用将泵推出对中校准位置。例如,当安装泵时,连接管道系统很少完好地与泵匹配,管道连接需要一定的机械校正。如果管道系统被推动离开安装位置太远,可能会强迫泵及电机离开校准位置,造成过度的泵壳体应力。通过对泵附近的管道系统进行正确的支撑,管道的反作用力由管道吊装架承受而非泵本身。同样,对泵附近的管道系统进行正确的支撑可以加固系统,并且能够降低系统的振动程度。

出水管线的正确选择关系到供水工程的安全节能运行,关系到工程建设的总投资。一般情况下,根据实际地质地形和工程选址,比较多个方案后确定最优结果。线路选择的一些基本原则如下:

第一,应该与等高线垂直进行管道布置,形成稳定的管道坡度。

第二,管道布置要求尽量减少弯曲和曲折,选择较短的线路,从而减少占地等投资,减少沿程水头损失,节约能源消耗。

第三,尽量避免填方区和滑落斜塌地带形成的威胁。在山西等一些地区,应注意对采空区的勘测避让,管路应被铺设在坚实的基础之上,确保工程安全稳定运行。

第四,管路尽量铺设在压坡线以下,避免水倒流时产生水柱断裂现象,形成弥合性水锤,从而破坏管路,增加维护成本和能源资源浪费。

第五,在较为复杂的地形情况下,可以考虑改变管坡布置管路,以避开填方区域,减少工程开挖量。

第六,管道线路布置时应考虑山洪因素,尽量避开洪水区域,如果无法避开,应对工程进行必要的防洪处理;还应该考虑到施工车辆的行进线路,方便管道的建设安装和运输,方便运行期间工作人员的维护管理。

5.2.2 管材的选择

在供水工程中适用的管路材料种类较多,较为常见的有钢管、铸铁管、预应力钢筋混凝土管及钢筋混凝土管等。管材选择是否合理,关系到供水工程的投资和运输安装费用,关系到工程投入运行后的维护管理费用,更重要的是关系到工程的安全和管路损失计算,所以在管材的选择上应综合考虑各方面的因素。

几种常用管材(管径为 DN700)特性的比较见表 5.2。

表 5.2　常用管材特性综合分析

管理种类	钢管	球墨铸铁管	PCCP 管	PCP 管
接头 防渗密封	焊接 防渗性能好	柔性接口 橡胶密封圈	钢制承插口 精度高	柔性接口 橡胶密封圈
借转角度	任意角度	T 型胶圈	异型管连接	定制组件
粗糙率	0.014	0.013	0.013	0.013

管理种类	钢管	球墨铸铁管	PCCP 管	PCP 管
抗内压性	较强	较强	较强	较差
抗外压性	一般	较强	较强	较强
地基沉降抗性	抗沉降能力强	抗沉降能力较强	柔性接口,刚性接头,具有较强适用性	抗沉降能力较强
在环境中的不利因素	对防腐要求较高,可采用阴极保护法	较强的防腐蚀性能	防腐性能较好,无需进行防腐处理	预应力钢丝有锈蚀的可能,防渗结构不完整
水质状况	无毒食品级内衬	不生长微生物,内壁光滑,不易结垢	不易形成瘤节,内壁光滑,不易结垢	容易形成瘤节,内壁质量不易控制
检修	对局部管段检修时间较短	对局部管段检修时间较短	对局部管段检修时间较短	整节替换耗时较长
使用寿命	25~50 年	50 年	50 年	50 年
造价	约 1 450 元/m	约 1 100 元/m	约 950 元/m	约 860 元/m

根据表 5.2,在对管材进行选择的初期,应全面收集管路的性能资料,将几种较为合理的管材进行综合分析对比,为后期更深入的计算对比提供初选方案。

5.2.3 管径的计算

泵站出水管路管径的确定对供水工程的运行能耗和工程投资有着相当大的影响。管径的选择须综合考虑各个因素间的制约(见表 5.3)。

表 5.3 管径合理选择因素制约

项目	管径	管路阻力	年运行能耗费用	一次性投资
变化趋势	↑	↓	↓	↑
	↓	↑	↑	↓

(1)年费用最小法确定

① 计算年耗电量 E_1

$$E_1 = \frac{f\rho Q H_{st} t}{1\ 000 \eta_{装}} \tag{5-19}$$

式中:f 为电费价格,元/(kW·h);ρ 为水的密度,kg/m³;H_{st} 为泵站净扬程,

m;Q 为泵站运行流量(应考虑泵站流量变化情况),m³/s;t 为年运行小时,h;$\eta_{装}$ 为装置效率。

② 计算管道年生产费 E_2

$$E_2 = \alpha K/100 \tag{5-20}$$

式中:α 为年生产费用(含折旧费与维修保养费)占总投资的比例;K 为管道总造价,元。

③ 计算年总费用 E

$$E = E_1 + E_2 \tag{5-21}$$

通过以上步骤,计算所得年总费用最小的管径即为经济管径。在计算年总费用中,按照是否考虑时间因素分为静态和动态两种分析法。静态分析法以运行第一年为设计标准年直接计算年总费用,动态分析法需将各年的费用折算到标准年得出年总费用。在水位变化大的工程管径优化计算中,一般扬程取多年平均净扬程,流量取平均净扬程相对应的流量,运行时间取多年运行时间平均值。

(2) 经济流速确定

利用年总费用最小来确定管径的方法较为准确合理,但是在计算过程中步骤较多,耗时较长,所以通常采用经济流速(见表 5.4)来确定管径。

表 5.4   管道经济流速经验值

流体种类	工程类型	管道种类	经济流速/(m/s)
清水	一般性供水	主压力管道	2.0～3.0
		低压管道	0.5～1.0
		泵进口	0.5～2.0
		泵出口	1.0～3.0
工业用水	离心泵	压力管	3.0～4.0
	往复泵	出水管	1.5～2.0
		吸水管	小于 1.0
	冷却	冷水管	1.5～2.5
		热水管	1.0～1.5

在表 5.4 中,泵供水工程中的流体包括清水和工业用水,工程用泵多为离心泵,供水用途包括企业生产用水、居民生活用水、灌溉等。根据工程实际情况,参考表 5.4 和《泵站设计规范》,再结合管路安全压力因素,长距离供水工程的经济流速范围可定为 1.0～3.0 m/s。

经济流速对应的管径计算如下：

根据流量和流速确定管道直径，即由

$$Q = \frac{\pi}{4}D^2 v \qquad (5\text{-}22)$$

得

$$D = \sqrt{\frac{4Q}{\pi v}}$$

式中：Q 为运行流量，m^3/s；D 为出水管管径，mm；v 为所选的经济流速，m/s。

（3）最优管径的必选模型

在用上述两种方法求经济管径的过程中，求得的管径应该与国家标准管径相符。在初选阶段，可以用经济流速初选管径，再将初选结果通过年运行费用法进行校核计算。当然，不同管径下的水泵选型、泵站工作点的确定等均有不同，也影响着泵站的运行费用、能耗等，在计算时注意综合分析考虑，以确定最优结果。

对年运行费用 E 进行比较：

$$E_i(D_i) = \min\{E(D_1), E(D_2), \cdots, E(D_n)\}$$

通过上式求得的泵站设备选型方案为最优方案，此时所选管径即为经济管径。

（4）管路输水方案的选择

由于社会经济不断发展，社会生产水平不断提高，需水用户的用水要求越来越多样化，供水难度也越来越高。有一些企业为了提高生产效率，增加利润，采用了不间断生产。相对于普通农业供水灌溉保证率的要求，这些企业对水源的保证率要求较高。这就需要供水工程在设计阶段对工程情况进行充分的考虑，对可能影响到工程正常运行的事故等不良因素做出充足的预判，在设计中增加合理的事故预防与应急的方案。在输水管路工程当中，常常选用双管方案或者增加蓄水池方案来提高供水保证率，以满足在事故检修阶段下游用户的用水需求。

在供水保证率要求较高的供水工程中，应对管路输水方案进行综合比较，要考虑到方案的合理性、经济性、安全性，并对单管方案、双管方案及方案中增加蓄水池等情况的多种组合、多种工况进行比选，全面分析后得到最优结果。

5.3 基于优化运行控制的泵系统配置

配置和运行方式是泵系统设计和管理中两个最重要的课题，两者密切相关,互为制约。运行方式是在系统配置的基础上进行的,若配置不合理会制约优化运行策略的实施。但现有的离心泵系统的配置方式是根据系统的工况特点来确定的,较少考虑优化运行控制策略的实施情况。因此,本节是在考虑优化运行控制的基础上,对如何实现离心泵系统的优化配置进行介绍。

5.3.1 各种配置下的水泵运行区域模型研究

泵的优化运行原则有两个方面:一方面,系统运行在不同工况时,各泵均应尽可能地处于高效运行的状态;另一方面,要求减少在调节中的能耗,即要求泵的运行控制过程线应尽可能地靠近最小需求线。这就要求泵的高效区与最小需求线相交,这样才能保证在进行运行控制时,泵能运行在高效区。

目前,水泵的配置方式主要是单泵配置、多泵并联配置和多泵串联配置。其中,单泵配置和多泵并联配置是目前主要的应用方式。本节主要研究单泵配置和多泵并联配置。

(1) 单泵配置

产品手册上能够查得普通离心泵的高效区的流量范围 $[Q_A, Q_B]$ 和允许运行的流量范围 $[Q_C, Q_D]$。

对于手册中没有明确说明高效区范围的,可以能量的利用效率为标准,把工作效率不低于最高工况点的 $80\%\sim85\%$ 的流量段定义为高效区,而把工作效率不低于最高工况点的 $65\%\sim70\%$ 的流量段定义为可允许运行的区域。

对于一般离心泵,可将其 $Q\text{-}H$ 特性表示为

$$H = H_x - S_x Q^2$$

因此,对于定速运行的水泵,其高效区可表示为一条曲线段:

$$H = H_x - S_x Q^2, \ Q \in [Q_A, Q_B]$$

在此区间内,当扬程为 H_e 时,其流量记为

$$Q_c(H_e) = \begin{cases} \sqrt{\dfrac{H_x - H_e}{S_x}}, & H_e \in [H_A, H_B] \\ 0, & H_e \notin (H_A, H_B) \end{cases} \tag{5-23}$$

式中: H_x, S_x 为拟合系数。

当水泵调速运行时,由于水泵自身效率、汽蚀等要求,其调速比为 $[k_{min}, 1]$,则根据相似定律,水泵调速时的高效区为如图 5.5 所示的阴影区。

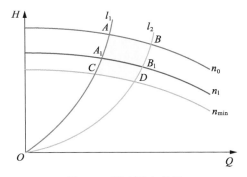

图 5.5　调速泵高效区

在图 5.5 中,相似工况抛物线 l_1 和 l_2 的方程分别为

$$H_{l_1} = \frac{H_A}{Q_A^2} Q^2 \ , \quad H_{l_2} = \frac{H_B}{Q_B^2} Q^2$$

调速比为 1 的特性方程和调速比为 $k_{\min}$ 的特性方程分别为

$$H_1 = H_x - S_x Q^2 \ , \quad H_k = H_x k_{\min}^2 - S_x Q^2$$

设在 H_e 下的流量范围为 $[Q_{\min}, Q_{\max}]$,该区域可表示为

$$Q_{V\min}(H_e) = \begin{cases} Q_A \sqrt{\dfrac{H_e}{H_x - S_x Q_A^2}}, & H_e \geqslant H_c \\[3mm] \sqrt{\dfrac{k_{\min}^2 H_x - H_e}{S_x}}, & H_e < H_c \\[3mm] 0, & H_e > H_A, H_e < H_D \end{cases}$$

$$Q_{V\max}(H_e) = \begin{cases} \sqrt{\dfrac{H_x - H_e}{S_x}}, & H_e \geqslant H_B \\[3mm] Q_B \sqrt{\dfrac{H_e}{H_x - S_x Q_B^2}}, & H_e < H_B \\[3mm] 0, & H_e < H_D, H_e > H_A \end{cases} \qquad (5\text{-}24)$$

允许运行的区域也可按照上述方法求解。

（2）多泵并联配置

当多台水泵并联工作时,将各水泵在相同扬程下的流量相加,即可得到并联后的 Q-H 特性曲线。

对运行区域的求解也可采用此种方法。将各个单泵在某个扬程下的运行区域相加,即可得到并联运行下的运行区域。

在扬程为 H_e 时,该区域的数学表达式为

$$\begin{cases} Q_Z = \Big[\sum_{i=1}^{x} w_i \times Q_{Cik}(H_e) + \sum_{i=x}^{n} w_i \times Q_{Vik\min}(H_e), \\ \qquad \sum_{i=1}^{n} w_i Q_{Cik}(H_e) + \sum_{i=x}^{n} w_i \times Q_{Vik\max}(H_e) \Big] \\ w_i = 0,1 \end{cases} \qquad (5\text{-}25)$$

式中：n 为水泵总台数；x 为定速运行水泵台数；i 为第 i 台水泵；k 为第 k 种类型的泵；w_i 为开关量，表示在配置中第 i 台水泵的选取情况，如果使用到该泵，取"1"；反之则取"0"。

5.3.2 各种配置下的需求区域模型研究

水泵节能优化运行要求实现供需平衡，即水泵的运行控制线尽可能地靠近最小需求线。水泵能否靠近或沿着最小需求线运行，与水泵系统的调节能力直接相关，而水泵系统的调节能力是由系统的配置决定的，因此，对于不同的系统配置，其需求区域也是不同的[100]。

（1）变频调速配置下的系统需求

配有变频调速设备的泵系统具有较强的调节能力，而且这种能力随着调速设备的增多而增强。显然，具有较强调节能力的变频配置泵系统是有可能运行在最小需求线上的。

但并非每个具有变频调速设备的泵系统都能处于这一理想的情况。一方面，有些系统的变频设备配置较少，其调节能力有限，无法实现这种理想的模式；另一方面，有些系统不可避免地要使用阀门调节，此时若按照最小需求线运行，就会在工况点出现提供的压力不足以维护系统的情况，不利于供水安全。

若出现上述情况，通常最简单、直接、可靠的方法是通过水泵出口恒压供水技术来解决。出口恒压供水技术尽管在节能上并非最佳，但却具有较高的可靠性，只要控制策略设置合适，几乎不需要担心会出现供水危机。

因此，采用变频配置的泵系统，其需求区域可表示为如图 5.6 所示的阴影区域。

其中，$H_{D\max} H_s(Q_{D\max})$ 为该系统进行出口恒压供水时的控制线，可表示为 $H = H_{D\max}$，而下面的曲线为最小需求过程线，可表示为

$$H_s = H_{st} + KQ^2$$

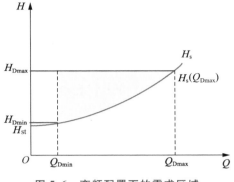

图 5.6 变频配置下的需求区域

设在 H_e 下的流量范围 $Q_{NV}(H_e)=[Q_{min},Q_{max}]$，如图 5.6 所示，则该区域可表示为

$$Q_{min}=\begin{cases} Q_{Dmin}, & H_e \in [H_{Dmin},H_{Dmax}] \\ 0, & H_e \notin [H_{Dmin},H_{Dmax}] \end{cases}$$

$$Q_{max}=\begin{cases} \sqrt{\dfrac{H_e-H_{st}}{K}}, & H_e \in [H_{Dmin},H_{Dmax}] \\ 0, & H_e \notin [H_{Dmin},H_{Dmax}] \end{cases}$$

(5-26)

（2）无变频调速配置下的系统需求

当系统没有配置调速设备时，只能采用节流调节和启停调节，该工况沿泵特性曲线运行。此时，需求变得较为简单，只要能够在规定的流量点达到或高于设计值，即可满足要求。其结果如图 5.7 所示。

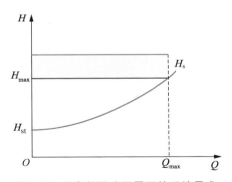

图 5.7 无变频调速配置下的系统需求

由图 5.7 可知，泵出口恒压供水是具有变频设备的泵系统才能达到的，并且是最接近定速运行过程线的运行方式，因此将其设为下线，且理论上水泵

特性曲线高于该线的均能满足系统的供水需求。但是,特性曲线高于该线的程度越高,对节能就越不利。

（3）装置静扬程变化下的系统需求

系统的装置静扬程不发生改变的情况是很常见的,但也存在一些特殊的情况,如取水泵站。在这种情况下,由于其耗电量较大,一般都配备调速设备,其系统需求如图 5.8 所示。

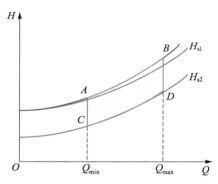

图 5.8　装置静扬程变化下的系统需求

图 5.8 中,曲线 H_{s2} 为系统在设计水位差最低时的装置特性曲线,曲线 H_{s1} 为设计水位差最高时的装置特性曲线,在阴影区域运行时,几乎能够保证水泵系统正常工作。但是考虑到泵在长期运行后,管道阻力会增大,管网可能会出现泄漏,因此在考虑系统需求时,留有一定的安全量 $\varphi\%$。

设 $H_{s1}=H_{st1}+KQ^2$,$H_{s2}=H_{st2}+KQ^2$,$H_{ss}=H_{st2}+(1+\varphi\%)KQ^2=H_{st2}+K'Q^2$,则在 H_e 下的流量范围 $Q_{SV}(H_e)=[Q_{SVmin},Q_{SVmax}]$,如图 5.8 所示。该区域可表示为

$$Q_{SVmin}=\begin{cases}\sqrt{\dfrac{H_e-H_{st2}}{K'}}, & H_e\in[H_A,H_B]\\ Q_{Dmin}, & H_e\in[H_C,H_A]\\ 0, & H_e\notin(H_C,H_B)\end{cases}$$

$$Q_{SVmax}=\begin{cases}Q_{Dmax}, & H_e\in[H_D,H_B]\\ \sqrt{\dfrac{H_e-H_{st1}}{K}}, & H_e\in[H_C,H_D]\\ 0, & H_e\notin(H_C,H_B)\end{cases} \tag{5-27}$$

5.3.3　离心泵配置对优化运行策略的可行性研究

对于具体的离心泵系统,其需求特性是固定的。在系统进行优化运行控

制时,要求水泵能够尽可能地工作在高效区,这就要求配置的离心泵系统的高效区域尽可能地覆盖需求区。

（1）变频调速配置下的系统需求的可行性分析

对于配置变频调速设备的水泵系统,要保证优化运行策略能够执行,就需要保证水泵的高效区在设计流量段能够贯彻于阴影区（见图5.9）,即表示存在 $H_e \in (H_{Dmin}, H_{Dmax}]$,使得任意 $H \geqslant H_e$ 都能满足

$$Q_{Omax}(H) \geqslant Q_{Rmax}(H)$$
$$Q_{Omin}(H) \leqslant Q_{Rmin}(H)$$

而且满足 H_e 的值越小,其节能效果就越佳。

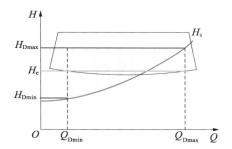

图 5.9　可行性变速泵的运行区域与需求区域的关系

（2）无变频调速配置下的系统需求的可行性分析

在无变频调速设备时,其调节能力较弱,此时只要保证设计点在高效区,而不利点尽可能在高效区的水泵都能符合要求。

（3）装置静扬程变化下的系统需求的可行性分析

对于配置有变频设备的系统,则需要其高效运行区能够包含整个需求区,这样,优化运行控制策略才能顺利实现。

如图 5.10 所示,设计段的 $H_e \in [H_{Dmin}, H_{Dmax}]$ 需要满足

$$Q_{Omax}(H_e) \geqslant Q_{Rmax}(H_e)$$
$$Q_{Omin}(H_e) \leqslant Q_{Rmin}(H_e)$$

优化经济运行要求水泵尽可能地工作在高效区,这就需要优化水泵选型。但实际中,由于水泵型谱是分档而设的,间隔较大,一般只能套用相近型号的产品,几乎很难选择到完全符合要求的泵型。此时,需要将高效区约束改为可允许的运行区域,以选择适用的泵型。

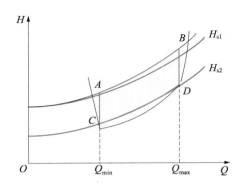

图 5.10　可行性变速泵的运行区域与装置静扬程需求区域的关系

5.3.4　各种配置下的离心泵优化运行的经济性研究

对于大多数水泵系统,用水量变化周期通常为一年。有详细记录的泵系统可通过建立相应的统计数据对泵工作情况进行分级;若没有相应的记录,可参考相关文献,通过概率统计的方法进行评估。根据管网用水量逐日变化的情况,可将水泵系统在一年内的工作情况分级,分级的流量分别为 Q_{d_1},Q_{d_2},$\cdots$,Q_{d_i},$\cdots$,Q_{d_J},它们所对应的工作天数分别为 $d_1,d_2,\cdots,d_i,\cdots,d_J$,并有如下两式成立:

$$\sum_{i=1}^{J} Q_{d_i} = Q_{year}$$

$$\sum_{i=1}^{J} d_i = 365$$

根据具体的系统需求,可参考第 3 章相应的优化供给策略,计算出水泵机组所需要提供的扬程 H_{d_i}:

$$H_{d_i} = H_{Rop}(Q_{d_i})$$

在众多可行的系统配置基础上,根据流量分级的情况,通过优化调度模型,计算在此配置下的水泵机组的 w_i,Q_i,k_i,得到其运行状态,w_i,Q_i,k_i 分别为第 i 号泵的启停状态、工作流量、调速比。

然后根据年运行状态,计算出当年总电费,即可对此种配置下的泵系统运行经济性进行分析。

$$C_o(i) = E_c(i) \times \sum_{j=1}^{J} d_j \times \sum_{i=1}^{m} w_i \times P_j(k_i, Q_i)$$

式中:$E_c(i)$ 为第 i 年的电费;m 为当前机组水泵的总数量。

5.3.5 各种配置下离心泵系统配置的经济性研究

为了保证所选方案更加符合设计要求,并能减少运算量,需对水泵类型进行限制。如果不对水泵类型进行限制,则由于水泵生产厂家的不同型号水泵数量太多,会造成计算困难。在选泵过程中,泵型选择是在某种水泵内进行优选,因此,在不同的泵站设计时,应尽量选择一种类型的水泵。单一的水泵规格固然无法适应工况变化较大的系统设计要求,但若规格太多,又会给水泵的运行管理造成很大的麻烦,因此水泵规格一般取 $1 \sim 2$ 种。

变频器的配置主要有单变频、半变频(双变频较为常用)和全变频[98]。

各种配置下的设备投资可表示为

$$C_{ic} = \sum_{j=1}^{N_P} \sum_{i=1}^{M_{JP}} C_{PJ} + \sum_{j=1}^{N_I} \sum_{i=1}^{M_{JI}} C_{PJ} + C_A (N_P, M_{JP}, N_I, M_{JI}) \qquad (5\text{-}28)$$

式中:N_P 为水泵的规格数,一般为 $1 \sim 2$;M_{JP} 为 J 型水泵的数量;C_{PJ} 为 J 型水泵的配置及其安装费用;N_I 为变频器的规格数;M_{JI} 为 J 型变频器的数量;C_A 为附属设备(测控系统、电气配套系统)费用和管理费用,主要与水泵、变频器的类型数和设备数有关。

在考虑系统的运行费用和设备费用后,若设备预计的使用年限为 n 年,则目标函数可表示为

$$C_t = \min \left(\sum_{i=1}^{n} C_o(i) + C_{ic} \right) \qquad (5\text{-}29)$$

这样,在综合考虑多种费用和设备的使用年限后,就可以得出经济性较好的配置方式。

5.4 Flowmaster 的泵系统分析仿真模型建立及其仿真

对一个设计好的泵系统,可根据提供的管网布置图等,基于 Flowmaster,按照系统中对各个元件的精确描述来建立相关结构模型,同时可根据运行实际对模型进行建模分析,确定系统的合理性与经济性。

5.4.1 Flowmaster 计算原理简介

(1) Flowmaster 建模原则

① 所建模型要能够真实地反映出实际系统的特点和行为。

② 根据部件类型,在元件库中选择最合适的部件来建立模型,且部件要全,不能遗漏。

③ 所建模型中的部件要与实际系统中的部件一一对应。

④ 对系统影响较小的部件,如一些弯头的流动阻力对系统压力的影响、管道的散热对系统温度的影响等,可以进行适当的简化,但关键部件和对系统影响较大的部件不可进行简化。

⑤ 各元件的参数要与系统中各部件的参数一一对应,且要全面。

⑥ 各元件的参数要能准确反映系统中相应部件的几何特征与性能表现。

⑦ 环境设置要准确。

⑧ 分析类型要与系统的行为相一致。

⑨ 为保证计算精度、计算时间和计算数据量,可以适当修改收敛因子、输出数据等。

（2）理论基础

Flowmaster 元器件库中提供了丰富的元件,并在帮助文档里附有详细的数学模型可供工程师查阅。公开的数学方程也为工程师进行二次开发提供便利。通过这些数学模型,Flowmaster 不仅可以描述具体的真实部件,而且可以对特性相同的新元件进行开发。对于整个流体系统,须满足以下方程:

① 流动阻力方程

$$p_1 - p_2 = \xi \cdot \frac{\rho}{2} \cdot u^2 \tag{5-30}$$

式中:p_1,p_2 分别为元器件进、出口的压力,bar;ξ 为元器件沿流动方向的流动损失系数,即 1,2 流通时的损失系数;ρ 为流体的密度,kg/m³;u 为流速,m/s。

② 质量守恒方程

$$Q = A_1 u_1 = A_2 u_2 \tag{5-31}$$

式中:u_1,u_2 为流速,m/s;A_1,A_2 为元器件边界处的面积,m²。式(5-31)的含义为系统中各处的流量相等。

③ 压力损失方程

$$\Delta p = \left(p_1 + \frac{\rho \cdot v_1^2}{2}\right) - \left(p_2 + \frac{\rho \cdot v_2^2}{2}\right) + \rho g(z_1 - z_2) \tag{5-32}$$

式中:下标 1,2 分别表示上、下游的位置;p 为静压力,Pa;$\frac{\rho \cdot v^2}{2}$ 为动压力,Pa;z 为该位置中心处的标高,m。

（3）Flowmaster 整体求解原理

Flowmaster 是基于矩阵运算来对整个模型进行求解的。图 5.11 所示为某一简单网络示意图。

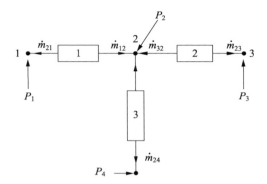

图 5.11 Flowmaster 管网系统模型示意图

模型中的每个元件都可以建立线性方程,如下:

元件 1 的平衡方程

$$\dot{m}_{12} = a_{11}^1 P_1 + a_{12}^1 P_2 + a_{13}^1 \tag{5-33}$$

$$\dot{m}_{21} = a_{21}^1 P_1 + a_{22}^1 P_2 + a_{23}^1 \tag{5-34}$$

元件 2 的平衡方程

$$\dot{m}_{32} = a_{11}^2 P_3 + a_{12}^2 P_2 + a_{13}^2 \tag{5-35}$$

$$\dot{m}_{23} = a_{21}^2 P_3 + a_{22}^2 P_2 + a_{23}^2 \tag{5-36}$$

元件 3 的平衡方程

$$\dot{m}_{42} = a_{11}^3 P_4 + a_{12}^3 P_2 + a_{13}^3 \tag{5-37}$$

$$\dot{m}_{24} = a_{21}^3 P_4 + a_{22}^3 P_2 + a_{23}^3 \tag{5-38}$$

通过以上各元件的流量方程,可以对各个节点建立质量守恒方程。

节点 1 的平衡方程

$$\dot{m}_{21} = a_{21}^1 P_1 + a_{22}^1 P_2 + a_{23}^1 \tag{5-39}$$

节点 2 的平衡方程

$$\dot{m}_{12} + \dot{m}_{32} + \dot{m}_{42} = a_{11}^1 P_1 + (a_{12}^1 + a_{12}^2 + a_{12}^3) P_2 + a_{11}^2 P_3 + a_{11}^3 P_4 + a_{13}^1 + a_{13}^2 + a_{13}^3 \tag{5-40}$$

节点 3 的平衡方程

$$\dot{m}_{23} = a_{22}^2 P_2 + a_{21}^2 P_3 + a_{23}^2 \tag{5-41}$$

节点 4 的平衡方程

$$\dot{m}_{24} = a_{22}^3 P_2 + a_{21}^3 P_4 + a_{23}^3 \tag{5-42}$$

各节点的质量方程可以统一用一个矩阵的形式来表示:

$$\begin{bmatrix} X_{11} & X_{12} & X_{13} & X_{14} \\ X_{21} & X_{22} & X_{23} & X_{24} \\ X_{31} & X_{32} & X_{33} & X_{34} \\ X_{41} & X_{42} & X_{43} & X_{44} \end{bmatrix} \begin{bmatrix} Y_1 \\ Y_2 \\ Y_3 \\ Y_4 \end{bmatrix} = \begin{bmatrix} Z_1 \\ Z_2 \\ Z_3 \\ Z_4 \end{bmatrix} \tag{5-43}$$

对于图 5.11 中的网络模型,其分析矩阵为

$$
\begin{bmatrix}
a_{21}^1 & a_{22}^1 & 0 & 0 \\
a_{11}^1 & a_{12}^1 + a_{12}^2 + a_{12}^3 & a_{11}^2 & a_{11}^3 \\
0 & a_{22}^2 & a_{21}^2 & 0 \\
0 & a_{22}^3 & 0 & a_{21}^3
\end{bmatrix}
\begin{bmatrix}
P_1 \\
P_2 \\
P_3 \\
P_4
\end{bmatrix}
=
\begin{bmatrix}
\dot{m}_{21} - a_{23}^1 \\
\dot{m}_{12} + \dot{m}_{32} + \dot{m}_{42} - a_{13}^1 - a_{13}^2 - a_{13}^3 \\
\dot{m}_{23} - a_{23}^2 \\
\dot{m}_{24} - a_{23}^3
\end{bmatrix}
$$

$$\tag{5-44}$$

其中,矩阵中的各系数由相应元件的参数决定。在对整个网络系统模型进行求解时,会采用设置的初始流量进行求解。当完成第一次求解后,得到了各节点的压力,然后再通过压力可以求得一个新的流量。因此,矩阵中的各系数会被修改,需要再次求解。整个网络模型的求解过程就是通过这样的往复迭代过程实现的,直到所有结果都达到预先设定的残差时,迭代终止,计算完成。

5.4.2 Flowmaster 元件选择及其建模

在泵项目的建模过程中需要用到的组件有直管、弯管、单向阀、闸阀、水池、泵等。下面对各个元件的数学特性进行说明[101]。

(1)直管摩擦阻力模型

根据设计资料,一般供水模型可选择 Cylindrical Rigid Pipe,其需要设置的参数有管段长度、直径、绝对粗糙度。管路损失计算模型见表 5.5。

表 5.5 管路损失计算模型

阻力模型	层流状态 $Re \leqslant 2\,000$	过渡区域 $2\,000 < Re \leqslant 4\,000$	湍流状态 $Re > 4\,000$
Hazen-Williams 模型	$f = f_1 = \dfrac{64}{Re}$	$f = x f_1 + (1-x) f_t$	$f = f_t = \dfrac{1\,014.2 Re^{-0.148}}{C_{HW}{}^{1\,852} D^{0.018\,4}}$

注:表中 $x = \dfrac{Re - 2\,000}{2\,000}$;$f$ 为水与管道内壁的摩擦阻力因数;f_1 为层流时的摩擦阻力因数;f_t 为湍流时的摩擦阻力因数;C_{HW} 为粗糙因数;D 为管径;Re 为雷诺数。

Hazen-Williams 模型经常应用在工业供给及水分配处理行业中。因此,泵仿真采用这种模型,并可根据实验值校正来校正系数 C_{HW}。

沿程阻力损失计算公式

$$\Delta p = \frac{f \cdot L}{D} \cdot \frac{\rho}{2} \cdot v^2 \tag{5-45}$$

式中:Δp 为管道进、出口的压力降,bar;f 为达西摩擦系数;L 为管长,m;D 为管径,mm;ρ 为流体的密度,kg/m³;v 为流动速度,m/s。

（2）弯管损失模型

相对来说，弯头为低流阻元器件，通常只有当系统整个流动损失均较小时才需要考虑弯头的影响，在较长的系统管路计算中往往可以不考虑。当模型管路较短时，需要考虑弯管的损失。弯管流阻计算方程如下：

$$\Delta p = k_{\mathrm{b}} C_{Re} C_{\mathrm{f}} \frac{\rho v^2}{2} \tag{5-46}$$

式中：k_{b} 为弯头流动损失系数；C_{Re} 为层流修正系数；C_{f} 为表面粗糙度修正系数；ρ 为流体的密度，$\mathrm{kg/m^3}$；v 为流动速度，$\mathrm{m/s}$。

弯头的计算中考虑了弯头流动长度及相连管路弯头弯曲半径的影响。

（3）阀门损失模型

阀门为通用的标准件。通过阀门的开关，可以控制管路的流通与关闭。阀门为标准件，其相关性能曲线（如压力损失性能曲线与低雷诺数修正系数已嵌入其中，阀门的开度参数可在参数表中直接输入，阀门的压力损失为

$$\Delta p = k C_{Re} \frac{\rho v^2}{2} \tag{5-47}$$

式中：k 为阀门流动损失系数；C_{Re} 为修正系数。

若没有阀门流动损失曲线，可采用 Flowmaster 默认的曲线。

（4）三通损失模型

Junction T/T 形三通用于连接不同方向的多条支路。三通分为 T 形与 Y 形，根据支管与总管的夹角又可以细分为 $30°,45°,60°$ 等，根据截面积情况可以分为等截面、不等截面。三通的局部阻力系数只与其几何结构有关，而与流量、压力无关，流体沿不同方向流动的局部阻力系数设有参考数据（参见英国流体力学中心实验数据）。

$$p_i - p_j = C_{Re} \cdot K_{ij} \cdot \frac{\rho}{2} \cdot v^2 \tag{5-48}$$

式中：下标 i, j 分别代表三通中不同管路方向的接点，$i \neq j$；p 为压力，bar；C_{Re} 为修正系数；K_{ij} 为从 i 方向流向 j 方向的流动损失系数；ρ 为流体的密度，$\mathrm{kg/m^3}$；v 为流动速度，$\mathrm{m/s}$。

（5）普通水箱模型

普通水箱可为系统提供压力边界条件，通过设置液面高度与箱底标高及液表压力就可以确定水箱连接处的压力，即

$$p = p_{\mathrm{s}} + \rho g (h + Z) \tag{5-49}$$

式中：p 为定压点的压力，bar；ρ 为流体的密度，$\mathrm{kg/m^3}$；g 为重力加速度，$9.8\ \mathrm{m/s^2}$；h 为水箱内液面高度，m；Z 为箱底距基准面的高度，m；p_{s} 为水箱表

面的气相压力,bar。

5.4.3　建模案例

假设目标:如图 5.12 所示,需要将水箱 1 的水以 1.96 kg/s 的流量(即流速 1 m/s)提到水箱 2,管道的高程及水箱水位值在图中标出(两个水箱的水位恒定)。取管道的内径为 50 mm,绝对表面粗糙度为 0.3 mm,水的密度为 1 000 kg/m³,试选用离心泵。

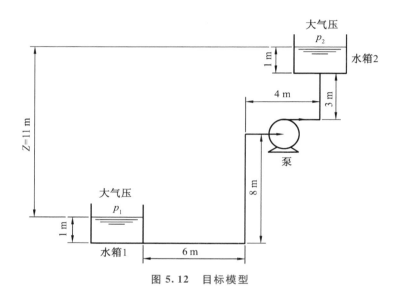

图 5.12　目标模型

如图 5.12 所示的模型,可在 Flowmaster 中建立如图 5.13 所示的两个模型:模型 1(见图 5.13a)用来计算管路的水力损失,这部分工作由 Flowmaster 完成;模型 2(见图 5.13b)用来模拟泵的运行。

主要部件说明:水箱采用"constant head",管道采用"cylindrical rigid",各个标高及压力值等根据图 5.13 设定。需要说明的是,模型 1 中的水箱可以用压力源替代。由于水力损失由流速决定,因而只要给定已知的流量源边界条件即可算得。从模型计算出 4 根管段的总压力损失为 0.064 6 bar,再根据已知条件可计算出装置的扬程,即

$$H = Z + \frac{p_2 - p_1}{\rho g} + \sum h = 11 + 0 + \frac{0.064\ 6 \times 100\ 000}{1\ 000 \times 9.8} = 11.659\ \text{m}$$

由此可知,系统的工作点是 $Q = 1.96$ kg/s,$H = 11.659$ m。

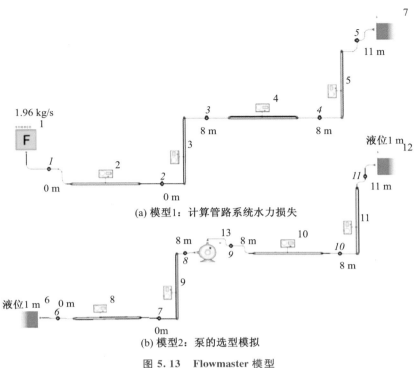

(a) 模型1：计算管路系统水力损失

(b) 模型2：泵的选型模拟

图 5.13　Flowmaster 模型

现假设有一个泵，其额定工作点恰好和系统的工作点重合。理论上讲，这是最理想的情况，泵的效率最高。在模型 1 中加入这个理想的泵，则系统的水力情况应该与假设目标相同。

假定一个离心泵，其参数见表 5.6。

表 5.6　离心泵参数

额定转速/ （r/min）	额定流量/ （m³/s）	额定扬程/m	无因次曲线 估算额定效率/%	额定功率/ kW
1 500	0.009 6	11.659	68	0.329

流量与扬程的关系见表 5.7。

表 5.7　流量与扬程的关系

流量/(m³/s)	扬程/m	流量/(m³/s)	扬程/m
0.000 00	12.195	0.001 96	11.659
0.000 50	12.095	0.002 50	9.246
0.001 00	11.895	0.003 00	5.298
0.001 50	11.795		

建立数值模型,基于稳态不可压缩流行进行计算。

经计算,管道系统的流量为 1.876 kg/s,泵的实际功率为 0.319 kW,实际效率为 67%。可见,泵的工作点近似与系统工作点重合,泵近似在额定工况下工作。当然,这是理想的情形,在实际设计中,泵的选型要增加一定的富余量,并且考虑汽蚀,这里不作冗述。本例仅仅用以模拟泵的选型。

6

离心泵系统能耗在线测试与分析

能耗测试是对泵系统进行能耗评价的前提,因此对泵系统进行科学准确的能耗测试显得尤为重要。

6.1 离心泵系统能耗测试基础

6.1.1 能耗测试要求

(1)测试项目

泵类系统的输送项目主要包括以下 3 个测试项目:① 泵运行效率;② 电机运行效率;③ 吨·百米耗电量。

(2)测试相关要求

监测所用的仪器、仪表应在检定周期内,准确度应满足表 6.1 所示要求。

表 6.1 测试仪器、仪表要求

序号	要求
1	流量表不低于 1.5 级
2	压力表不低于 0.5 级
3	泵扬程≥100 m 时,温度差测试误差≤±0.005 ℃;泵扬程<100 m 时,温度差测试误差≤±0.002 ℃
4	温度表不低于 1.5 级
5	电流、电压表不低于 0.5 级
6	交流功率表不低于 1.0 级
7	被测数值宜在仪表量程的 1/3～2/3
8	每个测点数据采集的时间不少于 5 min

通过阀门调节,在 50% 额定流量到工况点流量范围内至少对 4 个测点进行测试,并绘制出离心泵系统的实际性能曲线。实际性能曲线应至少包括流量与泵运行效率、流量与扬程、流量与轴功率、流量与千吨·米耗电量的关系曲线。

6.1.2 在线能耗测试原理

(1) 水力学方法

本方法主要适用于具备流量和轴功率精确测试条件的场合,测试的方法与计算如下[102]。

① 泵扬程的测试与计算

泵扬程是以压力水头表示的,因此扬程是通过对压力的测量得到的。泵进出口测压点一般分别设在进口法兰上游和出口法兰下游 $2D$(2 倍管径)处。

泵的扬程应按式(6-1)进行计算。

$$H = \Delta p + z_2 - z_1 + \frac{v_2^2 - v_1^2}{2g} \tag{6-1}$$

式中:H 为泵扬程,m;Δp 为泵静压差,m;z_2 为泵出口测压点到泵水平中心线的垂直距离,m;z_1 为泵进口测压点到泵水平中心线的垂直距离,m;v_2 为泵出口法兰截面处液体平均流速,m/s;v_1 为泵进口法兰截面处液体平均流速,m/s;g 为重力加速度,取 9.807 m/s²。

泵静压差应按式(6-2)进行计算。

$$\Delta p = \frac{10^6 (p_2 - p_1)}{\rho g} \tag{6-2}$$

式中:p_2 为泵出口压力值,MPa;p_1 为泵进口压力值,MPa;ρ 为液体的密度,kg/m³。

泵进口、出口法兰截面处液体平均流速应分别按式(6-3)和式(6-4)进行计算。

$$v_1 = \frac{Q}{900\pi D_1^2} \tag{6-3}$$

$$v_2 = \frac{Q}{900\pi D_2^2} \tag{6-4}$$

式中:Q 为泵的流量,m³/h;D_1 为泵进口法兰处管道内径,m;D_2 为泵出口法兰处管道内径,m。

② 流量测试

测量流量的方法很多,常见的流量计有节流流量计、涡轮流量计、电磁流量计等。而在在线测量中,主要利用装置中已安装的流量计进行流量计量,对具备测试条件的现场,用超声波流量计等进行测量。

超声波流量计的安装是所有流量计中最简单便捷的,只需要选择一个合适的测量点,把测量点处的管道参数输入流量计中,然后把探头固定在管道上即可,如图 6.1 所示。

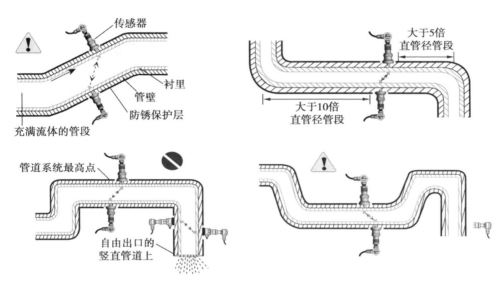

图 6.1 超声波探头安装要求

为了保证测量精度,测量点要求在流场分布均匀的部分选取。流量测试一般应遵循下列原则:

a. 选择充满流体、材质均匀质密、易于超声波传输的管段,如垂直管段(流体向上流动)或水平管段。

b. 流量计应安装在上游大于 10 倍直管径、下游大于 5 倍直管径以内无任何阀门、弯头、变径等均匀的直管段上,安装点应充分远离阀门、泵、高压电和变频器等干扰源。

c. 避免安装在管道系统的最高点或带有自由出口的竖直管道上(流体向下流动)。

d. 对于开口或半满管的管道,流量计应安装在 U 型管段处。

e. 充分考虑管内壁结垢状况,应尽量选择无结垢的管段进行测量。实在不能满足时,需把结垢考虑为衬里以确保有较好的测量精度。相关管壁的厚度可采用超声波厚度仪进行测量。

f. 超声波流量计的两个传感器必须安装在管道轴面的水平方向上,并且在轴线水平位置±45°范围内安装，以防止上部有不满管、气泡或下部有沉淀等现象影响传感器的正常测量。如果受安装地点空间的限制而不能水平对称安装，可在保证管内上部分无气泡的条件下，垂直或有倾角地安装传感器。

超声波流量计在使用时应注意以下事项：

选择管材质密部分进行探头安装。在安装探头之前，须把管外欲安装探头的区域清理干净，除去一切锈迹、油漆，最好用角磨机打光，再用干净抹布蘸丙酮或酒精擦去油污和灰尘，然后在探头的中心部分和管壁涂上足够的耦合剂，把探头紧贴在管壁上捆绑好。在安装探头的过程中，一定要注意在探头和管壁之间不能有空气泡及沙砾。在水平管段上，要把探头安装在管道截面的水平轴上，以防管内上部可能存在气泡。

探头安装方式共有 V 法、Z 法、N 法和 W 法四种。一般在小管径处（DN15～200 mm）可先选用 V 法；V 法测不到信号或信号质量差时则选用 Z 法；管径在 DN200 mm 以上或测量铸铁管时应优先选用 Z 法。N 法和 W 法较少使用，适用于 DN50 mm 以下的细管道。

a. V 法安装超声波流量计（常用的方法）。V 法是标准的安装方法，如图 6.2 所示。该方法使用方便，测量准确，可测管径范围为 15～400 mm。安装探头时，注意两探头水平对齐，其中心线与管道轴线平行。

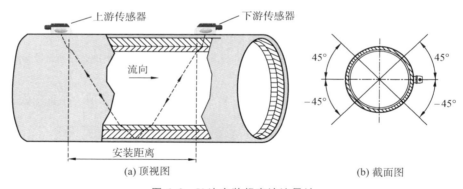

(a) 顶视图　　　　　　　　　　　(b) 截面图

图 6.2　V 法安装超声波流量计

b. Z 法安装超声波流量计。在管道很粗或由于液体中存在悬浮物、管内壁结垢太厚或衬里太厚，造成 V 法安装信号弱，机器不能正常工作等情况下，应选用 Z 法安装，如图 6.3 所示。使用 Z 法时，超声波在管道中直接传输，没有折射（称为单声程），信号衰耗小。Z 法的可测管径范围为 100～6 000 mm。实际安装流量计时，建议管径大于 200 mm 的管道都选用 Z 法（这样测得的信号最强）。

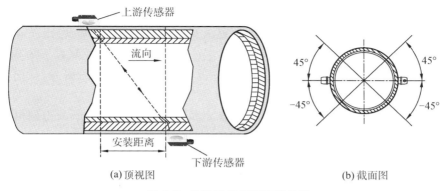

(a) 顶视图　　　　　　　　　　　　(b) 截面图

图 6.3　Z 法安装超声波流量计

c. N 法安装超声波流量计（不常用的方法）。超声波束在管道中折射两次，穿过流体三次（三个声程），适于测量小管径管道。N 法通过延长超声波传输距离，提高测量精度。

d. W 法安装超声波流量计（极不常用的方法）。同 N 法一样，W 法也通过延长超声波传输距离的方法来提高小管径测量精度。它适用于测量管径小于 50 mm 的小管。使用 W 法时，超声波束在管内折射三次，穿过流体四次（四个声程）。

③ 功率测试

考虑到离心泵大多采用异步电机驱动，因此本书中现场功率的测量主要是针对异步电机进行的。

异步电机的应用广泛，因此其效率的现场测试方法也受到了相当多的关注。使用者了解电机的效率往往是通过铭牌数据，然而，铭牌上的效率值为额定负载时的数据，而实际运行时的负载往往不同于额定负载。另外，实际上有很多电机已经经过维修，例如更换过绕组，其额定负载时的性能也已与铭牌数据不同，因此希望通过一些简单的方法在使用现场测得电机的实际运行特性。

a. 铭牌法。这是一种最简单的效率估计方法，即假定不同负载时电机的效率都等于铭牌所标示的效率，但实际上效率随负载的变化而变化。因此，这种方法所得的效率误差很大，甚至超过 10%。

b. 转差率法。这种方法是假定电机负载与额定负载的比例正比于转差率 s 与定负载时转差率 s_N 的比值，从而将电机轴端的输出功率 P_2 近似表示为

$$P_2 = \frac{s}{s_N} P_N \tag{6-5}$$

式中:P_N 为电动机额定功率。

此方法只需在现场测量转差率和输入功率,较为简单。但是,由于在电机基本性能要求的标准中,容许电机的实际转差率与额定转差率有 ±20% 的偏离,因此铭牌所示的转差率可能与实际电机的数值有较大的偏差,从而造成这种方法也存在一定的误差。

c. 电流法。电流法是假定电机与额定负载的比值正比于所测得的电机电流与额定负载电流的比值,因此电机轴端输出功率可表示为

$$P_2 = \frac{I}{I_N} P_N \tag{6-6}$$

式中:I 为现场测得的电机输入电流;I_N 为铭牌额定电流。

由于电动机电流中包含空载电流,这部分电流分量不会随负载的减小而减小,因而会给这种方法带来较大的误差,从而使得在低负载时,过高地估计了负载值。对于一般异步电机,其铭牌电流值与实际满载电流值可能有 10% 的偏差,从而使这种方法的准确性受到较大的影响。

d. 统计法。统计法建立在经验公式的基础上,仅需测量少量数据即可求得电机的效率。这种方法往往对某一特定系列或某一范围的产品已积累了相当多的试验数据,这些数据经过统计处理后用于经验公式中。统计法比较简单,并对在数据统计范围内的产品有一定的准确性,但对于不同设计或不在统计范围内的产品,误差可能较大。

e. 等值电路法。电动机效率的评估可以通过等值电路的计算来实现。此方法符合美国 IEEE112-B 标准,其中杂散损耗是按 IEEE 规定的假定值计算。等值电路法可达一定的准确度,但需进行改变电压下的空载试验,这在一般的现场条件下难以实现。

f. 损耗分析法。损耗分析法通过获得 5 项损耗(即定、转子铜耗,铁耗,负载杂耗和风摩耗)求得总损耗,然后获得效率。此方法符合美国 IEEE112-B 标准。由于在现场条件下不易测得这些损耗值,因而往往将此方法与前述统计方法相结合,从而求得效率。

g. 气隙转矩法。由于电子技术的迅速发展,近年来出现了一些新的效率测试方法,如气隙转矩法,其具有运行安全、成本低、监测精度高等特点,适合于工业生产中的异步电机。该方法是一种非侵入式在线检测方法,能最大限度地减小安装其他设备对电机性能造成的影响。气隙转矩法可通过分析采集的定子电压和定子电流数据逐步得到电机能效参数值,是一种非常适合在现场使用的方法。其信号分析处理流程如图 6.4 所示。

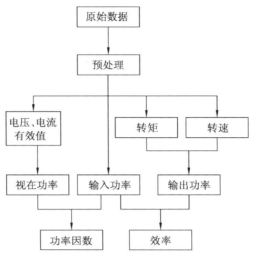

图 6.4　气隙转矩法信号分析处理流程

通过电流输入端电压、电流的测试,求得 T 时间内的平均输入功率为

$$P_I = \frac{\int_0^T (u_A i_A + u_B i_B + u_C i_C)\,\mathrm{d}t}{T} \tag{6-7}$$

式中:u_A,u_B,u_C 为三相瞬时相电压;i_A,i_B,i_C 为三相瞬时相电流。

将输入功率减去铜耗与铁耗等项后,可得到气隙转矩方程为

$$T_1 = \frac{p}{2\sqrt{3}}\Big\{(i_A - i_B)\int[u_{CA} - R(i_C - i_A)]\mathrm{d}t -$$

$$(i_C - i_A)\int[u_{AB} - R(i_A - i_B)]\mathrm{d}t\Big\} - \frac{60 p_{Fe}}{2\pi n_s} \tag{6-8}$$

式中:T_1 为气隙转矩;p 为极数;i_A,i_B,i_C 为线电流瞬时值;u_{CA},u_{AB} 为线电压瞬时值;R 为 1/2 的线间电阻值;n_s 为电机同步转速。

由于测试时间间隔很小,式(6-8)中的积分方程可以采用简单的梯形法求解,也可以采用其他方法,如辛普森法或高斯法求解。

由电机轴端的输出转矩 T_2 与转速 n 的乘积表示电机的输出功率,即

$$P_2 = T_2 \times 2\pi n/60 \tag{6-9}$$

式(6-9)中的输出转矩是电机的气隙转矩与相应于机械损耗(P_{ML})和负载杂耗(P_s)的转矩损失的差值,即

$$T_2 = T_1 - \frac{P_{ML}}{2\pi \dfrac{n}{60}} - \frac{P_s}{2\pi \dfrac{n}{60}} \tag{6-10}$$

式中:P_{ML}可通过电机空载运行时测量其气隙转矩求得;P_s则可按美国 IEEE112-B 标准规定的假定值选用,也可根据铁芯损耗与机械损耗之和占输入功率的 3.5%~4.2%进行估算,即可求得电机的效率。

$$\eta = \frac{P_2}{P_1} = \frac{T_1 \cdot \frac{2\pi n}{60} - P_{fw} - P_s}{P_1} \tag{6-11}$$

图 6.5 给出了各种现场测试方法试验精度的一个粗略估计,该图主要是对各种试验方法在半载和满载范围中效率测试精度的比较。由图 6.5 可知,铭牌法的精度最低,效率误差可达 10%,其他测试方法的精度介于铭牌法与转矩仪法之间。

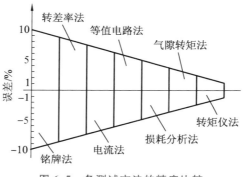

图 6.5 各测试方法的精度比较

④ 转速测量

目前转速的测量方法主要有扭矩法、光电盘码法、霍尔感应法、激光感应法、感应线圈法等。由于扭矩法、光电盘码法、霍尔感应法需要停机安装扭矩仪、光电盘、齿轮盘等,目前现场测量中主要采用的是激光感应法和漏磁感应线圈法两种测转速方法。

a. 激光感应法。激光感应法测转速的原理很简单,即光学反射原理。测量转速时,只要在转子上贴上反光纸,把激光测速仪对着反光纸,转子每转一圈就反射一次激光到测速仪,激光测速仪根据激光反射的次数直接计算出转速。

激光转速测量仪的工作距离可达 10 m,测量范围为 100~100 000 r/min,测量精度为±(0.1%~2%)。当工作环境存在干扰光源或背景噪声时,普通光源光电式与闪光式转速仪就难以正常工作,而激光转速测量仪则不受此影响。激光转速测量仪一般应用于在线现场测试中,但这种测转速的方法有一个缺点:当被测转子没有裸露在外的部分或激光反光纸贴不上的情况下,是不能使用的。而采用感应线圈法测转速,则不需要考虑这种情况。

b. 漏磁感应线圈法。漏磁感应线圈法用于转速难以直接测量的轴转动的泵(如直联泵、潜水泵)。其测量方法是在电机线圈附近,放置带铁心的线圈,线圈与灵敏的磁电式检流计连接;当电机启动后,由于异步电机的转差问题,检流计可以测出电机的漏磁信号,该信号为矩形方波的脉冲信号;通过计数器可以读出一定时间内漏磁的次数。若电机的极对数为 p,则转差 $\Delta n = 2N/p$。求出转差后,即可确定电机的实际转速:

$$n = n_0 - \Delta n \tag{6-12}$$

式中:n_0 为电机同步转速。

线圈匝数越多,检流计指针摆动幅度越大。感应线圈法的测量精度可达 $\pm 0.5\%$,特别适合现场运行的电机。感应线圈法也有它的局限性,当三相电机的频率发生改变时,原先的计算公式(6-12)则不再适用了。所以,漏磁感应线圈法不能用于测变频电机的转速。

当前主要采用的是激光感应法和感应线圈法两种测速方法,但这两种方法都具有一定的局限性,为此本书主要介绍一种新的转速测量方法。

c. 基于电机定子电流的转速测量方法[103]。三相异步电机定子绕组通电后会产生一个旋转磁场,定义工频电源的交流电为激励电力信号,激励电力信号产生的磁场为主磁场,主磁场在定子中产生定子感应电流。主磁场以同步转速旋转并使得转子绕组产生感应电流,转子感应电流也能够产生一个有效的旋转磁场,它和主磁场叠加。由于定子旋转磁场的"旋转速度"和转子旋转磁场的"旋转速度"不同,在这两种磁场的相对运动下,转子电流产生的旋转磁场能够在定子绕组中感应出电流(即电枢反应),其方向和激励电力信号的电流方向相反。转子电流的变化周期取决于两个磁场的相对速度大小(表现为电机转差),只是在异步电机(特别是鼠笼式异步电机)中电枢反应产生的电流很小,和定子电流相比,其大小几乎可以忽略不计。由以上分析可知,在采样过程中保证足够的采样频率和频率分辨率(采样频率和采样数的比值),通过分析定子电流和转子电流信号,对电流信号进行频谱分析,得到两者的频率,就可以计算出电机实际转速,表达式如下:

$$n = \frac{60}{p}(f_1 - f_2) \tag{6-13}$$

式中:n 为电机转速,r/min;f_1 和 f_2 分别表示定子电流频率和转子电流频率,Hz;p 为电机磁极对数。

分析转速信号的来源可知,转子电流信号不易测量,虽然它实际是存在的,但是不易在常规的频谱图中得到。在电流信号频谱中,激励电力电流信号的幅度远远大于转子电流信号,且转子电流信号谱线通常分布在 $0\sim5$ Hz 范围内,与 50 Hz 的激励电力信号强度相比,转子电流信号的谱线湮没在低频区,难于观察。为了解决转子电流信号谱线难于观察的问题,此处运用局部频谱细化的方法处理。具体做法是将 $0\sim5$ Hz 范围内的频谱细化,提高信号在该范围内的频率分辨率,再从该范围内得到转子电流频率。常见的频谱细化算法有 FFT-FS、Chirp-Z 和 ZoomFFT,但是 FFT-FS 算法和 Chirp-Z 算法分析多频密集信号的精度较低,ZoomFFT 算法在信号不产生混叠的前提下,可以分析信号任一窄带内的频谱结构,所以选择 ZoomFFT 算法。

ZoomFFT 算法是将初始信号与单位复指数信号进行复调制,利用傅里叶变换的移频性质把选频段的中心频率移至零频,通过低通滤波和重采样,再抽取信号做 FFT 分析,再经过频率调整,便可以得到选频段的细化频谱。其原理如图 6.6 所示。

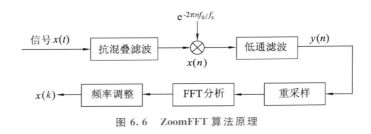

图 6.6　ZoomFFT 算法原理

在图 6.6 中,设模拟信号为 $x(t)$,采样频率为 f_s,经抗混叠滤波后,得到离散序列 $x_0(n)$,具体步骤如下:

(i) 复调制移频。复调制移频就是将细化频带中心移至频域坐标原点。假设在频带($f_1\sim f_2$)范围内进行频率细化分析,细化频带中心 f_0,用 $\mathrm{e}^{-2\pi nf_0/f_s}$ 对 $x(n)$ 进行复调制,则有

$$x(n) = x_0(n)\mathrm{e}^{-2\pi nf_0/f_s} = x_0(n)\cos(2\pi nf_0/f_s) - \mathrm{j}x_0(n)\sin(2\pi nf_0/f_s)$$
$$= x_0(n)\cos(2\pi nL_0/N) - \mathrm{j}x_0(n)\sin(2\pi nL_0/N) \tag{6-14}$$

其中,频率中心移位 $L_0 = f_0/\Delta f$,Δf 为采样过程的频率分辨率。根据离散傅里叶变换(DFT)的移频性质,可以得到离散频谱关系式:

$$x(k) = x_0(k+L_0)$$

(ii) 低通滤波。对离散化的信号序列进行抗混叠滤波,由于电机的转子电流信号主要集中在低频段[56],设置低通数字滤波器的截止频率 $f_c \leqslant f_s/2D$,D 为频率细化倍数。

(iii) 重采样。信号经过移频、低通滤波后,将采样频率减小为原来的 $1/D$ 进行重新采样。

(iv) FFT 分析。重采样后进行 N 点的 FFT 分析,此处的 FFT 变换点数和直接 FFT 变换点数相同,则其频率分辨率 $\Delta f' = f'_s/N = f_s/DN = \Delta f/D$,增大了 D 倍。

(v) 频率调整。将变换得到的谱线移至实际频率处就可得到细化频谱。

按照上述步骤,用 ZoomFFT 算法处理电机电流信号,试验中用变频器调节电机转速,设置变频器频率为 1 750/60 Hz,同时用扭矩仪实时测量电机转速。对 $0 \sim 5$ Hz 的信号进行局部频谱细化,转子电流信号的局部频谱如图 6.7 所示。图中转子电流频率为 0.247 Hz,电机的激励电力频率为变频器设置值,根据式(6-13)计算得到的电机转速 $n = (1\ 750/60 - 0.247) \times 60 = 1\ 735.2$ r/min,扭矩仪实时测量电机转速为 1 740.7 r/min,二者相差 5.5 r/min,精度较高。因此,式(6-13)所示的计算原理和局部频谱细化算法,再结合相应的硬件,为精确测量电机转速提供了技术基础。

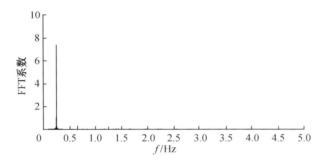

图 6.7 转子电流信号的局部频谱

（2）热力学方法

本方法主要适用于流量无法测试或精度不易控制,且泵扬程 $\geqslant 20$ m 的液体输送系统,其步骤如下。

① 测试泵静压差、泵进出口间温度差,计算当前水泵运行效率。

根据下式可计算出当前水泵的运行效率:

$$\eta_b = \frac{10^{-3} \times \rho \times \Delta p + (z_1 - z_2) + \left(\dfrac{v_2^2}{2g} - \dfrac{v_1^2}{2g}\right)}{k \times \Delta p + (z_1 - z_2) + \left(\dfrac{v_2^2}{2g} - \dfrac{v_1^2}{2g}\right) + \dfrac{\overline{C_p} \times \Delta t}{g} + E_m + E} \times 100\%$$

$$(6-15)$$

式中:ρ 为液体的密度,kg/m³,水的密度按附表 1 选取;Δp 为泵静压差,m;z_2 为泵出口测压点到泵水平中心线的垂直距离,m;z_1 为泵进口测压点到泵水平中心线的垂直距离,m;v_2 为泵出口法兰截面处液体平均流速,m/s;v_1 为泵进口法兰截面处液体平均流速,m/s;g 为重力加速度,取 9.807 m/s²;k 为液体的等温系数,水的等温系数可按附表 2 选取,其他液体的等温系数从相关技术资料求取;$\overline{C_p}$ 为液体的平均定压比热,水的平均定压比热按附表 3 选取;Δt 为泵进、出口间温度差,℃;E_m 为泵体与环境热交换的单位体积能量(具体计算参照 GB/T 16666—2012),m,;E 为密封及轴承摩擦损失的单位体积能量和(具体计算参照 GB/T 16666—2012),m。

当 $\Delta p \geqslant 200$ m 时,按式(6-16)测试计算;当 $\Delta p \geqslant 200$ m,且泵体内介质温度与周围环境温度的差值≤20 ℃时,按式(6-17)测试计算。

$$\eta_b = \frac{10^{-3} \times \rho}{k + \dfrac{\overline{C_p} \times \Delta t + E_m + E}{\Delta p \times g}} \times 100\% \tag{6-16}$$

$$\eta_b = \frac{10^{-3} \times \rho}{k + \dfrac{\overline{C_p} \times \Delta t + E}{\Delta p \times g}} \times 100\% \tag{6-17}$$

② 热力学方法的流量 Q 应按式(6-18)进行计算。

$$Q = \frac{3.6 \times 10^6 \times N_2 \times \eta_b}{\rho \times g \times H} \tag{6-18}$$

式中:N_2 为泵轴功率(可参考电机输入功率),kw;H 为泵扬程(可参考水泵扬程),m。

6.2　离心泵系统能耗系统[104]

6.2.1　离心泵在线能耗测试系统组成

(1) 系统基本功能

本系统能够实现泵性能在线测试和能耗分析功能,完成泵的压力、流量和电机转速、电压、电流、功率的实时测量采集显示,将传感器或仪表采集的数据送至上位机进行处理,得到泵的扬程、功率、效率,以及电机的实时效率,在此基础上计算得到泵的能耗指标,并绘制水泵的性能曲线(流量和扬程、泵功率、效率之间的关系曲线)。测试完成后系统自动添加测试历史,将测试数据保存到数据库,打印测试报告。

通过无线发射器与压力传感器、流量计、转速测量模块、智能电表等组件相连,可组成一个无线传感器网络(见图 6.8)。

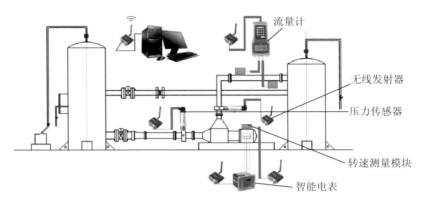

流量计

无线发射器

压力传感器

转速测量模块

智能电表

图 6.8 传感器和仪器布置图

（2）数据采集系统

泵在运行过程中，可以测量的物理参数有泵的进出口压力、流量、转速，以及驱动电机的电参数。通过压力、流量、转速可以进一步计算泵的扬程、功率、效率，通过电机的电参数可以计算电机的效率。合适的传感器、仪表测量泵及驱动电机的运行参数，直接关系能耗的分析和计算，因此底层硬件的选择非常重要。

① 压力传感器

由式(6-1)可知，泵进出口压力和液体速度是计算泵扬程的关键参数。压力可以用压力测量仪器测量，如压力表、液柱式测压计和压力传感器等。压力表和液柱式测压计一般用于简单的、测试精度要求不高的场合，这两种仪表本质上仍然属于分立式仪表，采用人工读数，误差相对较大，不能满足系统集成和自动化的要求。随着仪表技术和传感器技术的发展，压力传感器相对于压力表和液柱式测压计具有明显的技术优势，它广泛用于工业自动化领域。目前，压力传感器主要有应变式、电容式、压电式和扩散硅式等，应选择精度高、稳定性好、抗干扰能力强的压力传感器。为了提高抗干扰能力，建议选择数字信号输出的传感器。图 6.9 所示的是昆山双桥 CYG 型通用单晶硅式压力传感器，它具有精度高、稳定性好、抗干扰能力强等特点，适用于复杂的工控现场测量，其具体参数如表 6.2 所示。

(a) 进口压力传感器　　　　　　　　　(b) 出口压力传感器

图 6.9　进口和出口压力传感器

表 6.2　传感器参数

参数	进口压力传感器	出口压力传感器
量程	$-100\sim100$ kPa	$0\sim1$ MPa
精度	0.5%	0.5%
输出	RS485	RS485
电源	24V DC	24V DC

② 流量计

流量是泵性能的关键参数之一。目前流量测量仪表主要是流量计,运用较多的是涡轮流量计、电磁流量计和超声波流量计等。为了保证系统的通用性,常采用两种方案测量流量。当系统中有流量计支持 RS485/232（目前市场上多数涡轮流量计和电磁流量计均支持）输出,并且流量计和上位机通信协议已知时,可以直接将无线信号发射器与流量计相连;当系统中没有流量计时,采用超声波流量计。电磁流量计与超声波流量计如图 6.10 所示。

(a) 电磁流量计　　　　　　　　　(b) 超声波流量计

图 6.10　流量计

③ 转速计

由于工况改变,电机负载发生改变,转速也随之变化。在结果后处理过程中,需要将流量、扬程、泵功率依据相似定律换算到额定转速下,所以转速也是泵的关键性能参数。由前面分析可知,目前还没有一种普适性的转速测量方案,因此本系统应用无传感器技术结合感应线圈法,设计了一种新的转速测量方案。

④ 电参数测量仪表

目前,多数泵是由感应电机驱动的,电机的电参数也是泵(机组)能耗分析的重要参数,需要对其进行有效测量。电机的电参数主要有电压、电流、电源频率、有功功率、无功功率、功率因数等。如果采用仪表单独采集测量,需要耗费大量的人力、物力,加上当前测量电机参数的仪器已经非常成熟,仪器也预留有与上位机通信的接口。综合上述因素,本系统选取了安科瑞的 PZ80 - E3 型可编程智能电测表,如图 6.11 所示。

图 6.11　安科瑞可编程智能电测表

⑤ 无线发射器

传统系统中的压力传感器、流量计、转速计和智能电测表均需要用导线将信号送至信号采集卡,然后在上位机进行处理。这个过程需要人工布线走线安装,但有些现场不适合布线,或者没有布线条件。前面介绍的传感器、流量计、转速计和智能电测表都预留有 RS485/232 物理接口,并支持标准 ModBus 工业现场协议或者自定义协议,开发者只需要按照协议开发串口通信程序即可。

目前,基于 ZigBee 的无线发射器技术已成熟,支持与仪器、仪表之间通过 RS485/232 接口连接,即使系统涉及的传感器和仪表比较多,仅利用上位机上的一个物理接口,也能够实现组网测量。将与传感器和仪表相连的发射器设置为从节点,与上位机相连的发射器设置为主节点,按照发射器的组网规则自动组网,主、从节点之间支持点到点的通信模式,组网后就可以将测试参数送至上位机,实现参数的无线测量。无线发射器可采用深圳中鼎泰克电子有限公司(DTK)的 DRF2619C 型号的发射器,如图 6.12 所示。

图 6.12　DTK 无线发射器

综上所述,无线发射器是系统传感器、仪表和上位机之间的纽带,它将系统中的仪器、仪表通过 RS485/232 物理接口连接在一起,组成一个传感器网络,实现无线测量。用户可以依据仪器、仪表所采用的工控通信协议,实现仪器、仪表与上位机之间的通信,并完成数据采集。主、从节点之间单向通信,主节点发送采集命令,从节点读取传感器数值返回,如此不断轮询,完成数据采集。系统的各个硬件组成如图 6.13 所示。

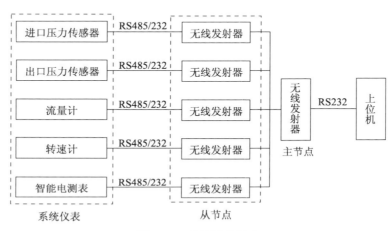

图 6.13 系统硬件组成

（3）系统传感器和仪表组网

系统中传感器和仪表组网,主要是指和它们相连的无线发射器的组网。无线发射器以 ZigBee 为基础,模块组网、传输模式设置、参数设置指令都与 ZigBee 指令兼容。网络中模块的路由是由 ZigBee 自动计算完成的,适用于透明传输、点到点传输。系统中主节点(Coordinator,用 C 表示)用于创建网络,可以为从节点(Router,用 R 表示)分配地址,所以网络中只允许有一个主节点和其他 N 个从节点,并且网络中的所有节点必须具有相同的频道和 PAN ID。以 40 个模块加入网络为例,主节点可以为 6 个从节点和 14 个终端(End Device,用 E 表示)分配地址;从节点又可以为 6 个从节点和 14 个终端分配地址;一个从节点地址分配完以后,下一个从节点按上一个从节点分配地址的规则分配地址;直至 40 个模块都分配了地址。地址分配的过程如图 6.14 所示。

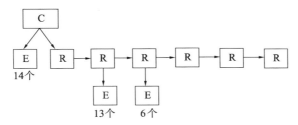

图 6.14　模块地址分配示意图

无线模块用地址作为身份标识,模块有三种地址:物理地址、短地址和自定义地址。物理地址由 8 字节的 16 进制数组成,不可更改;短地址和用户自定义地址都是 2 字节的 16 进制数,用户可以修改。与模块地址联系在一起的是模块的 8 种传输模式,如表 6.3 所示。表中除了 04 模式(保留项,用户不可以设置)和 08 模式,其他都采用透明传输模式,数据接收方不对接收的数据做任何改变,不对发送、接收过程及数据包的格式进行检查;08 模式是可靠传输模式,数据只能由从节点向主节点发送,在数据的发送、接收过程中,单片机会对发送或接收过程进行判断,并返回相应的提示指令。采用 08 模式发送数据的从节点,数据发送成功,单片机会自动返回 FB A1 A2 3E 指令;数据包不符合规定,返回 FB D1 D2 9E 指令;发送超时,返回 FB C1 C2 7E 指令;当发送信道被占用时,返回 FB E1 E2 BE 指令。07 模式虽然也是透明传输,但只能由主节点向从节点发送数据,从节点应用该模式无效。

表 6.3　模块数据传输模式

代号	代号含义	功能	说明
00	透明传输	点对点,含包头、包尾	广播式
01	透明传输	点对点,含包头、包尾	广播式
02	透明传输＋短地址	点对点,含包头、包尾	广播式,包尾加短地址
03	透明传输＋MAC 地址	点对点,含包头、包尾	广播式,包尾加 MAC 地址
04	保留	保留	保留
05	透明传输＋自定义地址	点对点,含包头、包尾	广播式,包尾加自定义地址
06	透明传输＋短地址	点对点,不含包头、包尾	单向传输,传输到目标短地址
07	透明传输＋自定义地址	点对点,不含包头、包尾	单向传输,只能是主到从传输
08	可靠传输	点对点,不含包头、包尾	单向传输,只用于从节点

由以上分析可知,为了保证数据传输过程的可控性,由于各个仪表读取参数的指令不尽相同,模块不宜采用广播方式传输数据。上位机软件采用RS232 接口进行数据采集,RS232 采用轮询机制(主机发出指令,从机接收指令并返回数据)进行数据传输,所以在传感器网络中,设置主节点的数据传输模式为 07,从节点的数据传输模式为 08。这样设置后,主机可依次发送、读取数据指令,从机依次响应,保证了传输过程的可控性。

6.2.2 无线能耗分析系统软件设计

（1）系统的程序结构

该系统通过设计,将底层硬件改造为 RS485/232 通信,通过无线发射器组成一个无线传感器网络。主节点的无线发射器向每个硬件发出读取数据的请求,从节点响应并返回测量数据。测试数据经过处理转换为泵的性能数据,参照泵能耗分析理论,将泵的性能转化为能耗指标,最终将监测结果反映到测试报告中,所以软件应当实现以下功能:

① 数据采集。系统的底层硬件包含压力传感器、流量计、转速测量模块、智能电测表,对应采集的物理量有泵进口压力、出口压力、流量、转速,电机的电压、电流、功率、频率、功率因数。

② 完成泵性能测试和状态监测。根据国标要求(泵全流量范围内至少采集 13 个不同流量点的数据)进行泵的性能测试;状态监测时,实时监测泵的扬程、输出功率、效率的变化,以及电机效率的变化,并绘制性能变化曲线。

③ 对试验数据进行管理。试验过程中对泵的性能数据进行保存,将这些数据放入数据库中,方便对试验结果进行管理,同时对试验人员信息、泵的基本信息、电机基本信息进行管理。

分析系统的功能和要求,源程序的设计流程图如图 6.15 所示。

（2）数据采集

数据采集过程是测试准确性的前提,在整个系统中有着举足轻重的作用,直接关系到泵性能参数和能耗指标的准确性。本系统将所有传感器或者仪器都改造为 RS485/232 接口,与上位机采用串行接口通信,数据通过串口进行传输,在上位机上通过读取传感器和仪表的数值,实现数据采集过程。

实现串口通信的步骤:① 打开发送端和接收端串口,分别对串口参数进行设置;② 利用串口接收和发送数据;③ 关闭串口,结束程序。

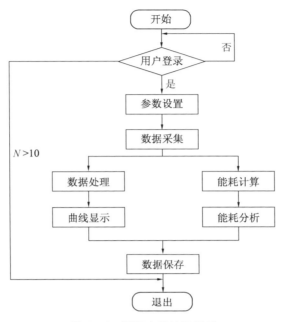

图 6.15　源程序设计流程图

　　数据通过串口按位传输，传输过程有可能存在错误。目前结合串口和 ModBus 协议的工控网络，加入了循环冗余检验（CRC）。系统的每条指令都有一个独特的 CRC 校验码，上位机或者下位机在接收指令时，首先进行 CRC 校验，校验码正确后再进行下一步操作，校验码不正确则舍弃指令重新发送请求，这样就保证了数据传输过程的准确性。本系统中采用的是 CRC16 校验（CRC 校验的一种），串口通信的流程如图 6.16 所示。

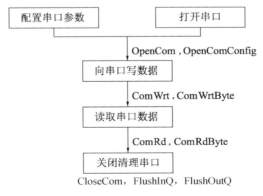

图 6.16　串口通信流程图

在计算机上配置串口,可以在计算机的设备管理器中查看端口信息,并在软件中进行配置。目前,一些台式电脑或者上位机没有串口,或者串口被其他设备占用,有可能造成系统出现无可用串口的情况。此时推荐第三方软件提供的虚拟串口。虚拟串口本身是不存在的,它是由软件模拟出来的。当前很多虚拟串口都是借助 USB 接口,通过一定的物理硬件转化为 RS485/232 串口,其功能和真实串口没有区别,可以按照正常的串口通信步骤进行开发。

（3）数据库开发

数据库（Database）可以看作是一个电子化的文件柜,是按照数据结构来组织、存储和管理数据的仓库,它保证了应用程序和数据间的独立性;数据具有完整性、一致性和安全性,并具有充分共享性,使用户可以简单方便地实现数据库的管理和控制操作。有些泵性能监测系统是将数据输出到数据文档中（即进行文件管理）,用户可以在对应的文件存储路径中进行查看,但是这两个动作不能在一个程序内完成。结合数据库技术,将数据模型和数据层次结构存入管理数据库中,每次试验完成,系统自动添加测试记录到数据库中,操作人员可以在一个应用程序中,随时查看试验过程中采集的数据,并展现相关的结果文件或者报表。如果发现数据有错误,可以通过软件对数据进行增、删、查、检等操作,这样就增强了软件的可操作性,使得试验数据的管理更加高效。

本书采用微软的 Access 数据库进行操作,根据以上步骤,以一个整形变量操作为例,数据库操作流程如图 6.17 所示。

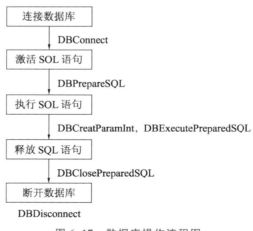

图 6.17　数据库操作流程图

6.3 离心泵系统能耗计算与分析

6.3.1 水泵性能及运行参数的描述

泵的基本方程只是在理论上定性给出了水泵性能参数间的关系,还不能方便地应用于工程实际,目前对水泵性能的了解主要是通过水泵性能试验测出的性能曲线来实现的。

水泵基本性能曲线是指在一定转速下,以流量为横坐标、其他性能参数为纵坐标表示的水泵流量与其他性能参数之间的关系曲线。它通常包括水泵的扬程-流量($H-Q$)曲线、轴功率-流量($P-Q$)曲线和效率-流量($\eta-Q$)曲线,因此只能反映出某一流量下水泵性能参数之间的对应关系。但是,水泵的实际运行是随时间变化的,水泵的工况在不同时间或时段是不同的,已有的特性曲线无法直观地反映以下两个问题:

① 在已知 Q-t 变化规律条件下,水泵性能参数之间的对应关系,即水泵性能的运行特性。

② 在已知 Q-t 变化规律条件下,某时间段水功率、轴功率及水泵运行效率的计算方法。

因此,在原有水泵特性的基础上引入时间概念,讨论基于空间直角坐标系的水泵各运行参数的几何意义。

在平面直角坐标系下,当流量 Q 随时间 t 的变化规律符合式(6-19)时,流量-时间(Q-t)曲线如图 6.18 所示。

$$Q = Q(t) \tag{6-19}$$

当扬程 H 或轴功率 P 随流量 Q 的变化规律符合式(6-20)式(6-21)时,平面直角坐标系下的扬程-流量曲线($H-Q$)和轴功率-流量曲线($P-Q$)如图 6.19 所示。

$$H = H(Q) \tag{6-20}$$

$$P = P(Q) \tag{6-21}$$

由于 Q-t 平面和 $H-Q$,$P-Q$ 平面

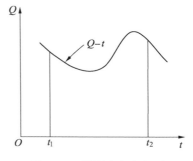

图 6.18 平面直角坐标系下 Q-t 曲线

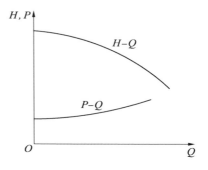

图 6.19 平面直角坐标系下 $H-Q$ 和 $P-Q$ 曲线

相互垂直,因而以时间 t 为横坐标轴,流量 Q 为纵坐标轴,其他性能参数为竖坐标轴构成的空间直角坐标系符合右手螺旋法则。在这个坐标系下,水泵性能参数在空间的表示就能直观地反映水泵在任一时间段的运行特性和各性能参数计算的几何意义。

在空间直角坐标系 QHt 下,$Q=Q(t)$ 表示母线平行于 H 轴的柱面,它的准线是 QOt 平面上的曲线 $Q=Q(t)$;$H=H(Q)$ 表示母线平行于 t 轴的柱面,它的准线是 QOH 面上的曲线 $H=H(Q)$。联立式(6-19)和式(6-20),可得扬程随时间和流量变化的空间表示式,即

$$\begin{cases} Q = Q(t) \\ H = H(Q) \end{cases} \tag{6-22}$$

扬程的空间曲线如图 6.20 所示。

在空间直角坐标系 QtP 下,$Q=Q(t)$ 表示母线平行于 P 轴的柱面,它的准线是 QOt 平面上的曲线 $Q=Q(t)$;$P=P(Q)$ 表示母线平行于 t 轴的柱面,它的准线是 QOP 面上的曲线 $P=P(Q)$。联立式(6-19)和式(6-21),可得轴功率随时间和流量变化的空间表示式,即

$$\begin{cases} Q = Q(t) \\ P = P(Q) \end{cases} \tag{6-23}$$

轴功率的空间曲线如图 6.21 所示。

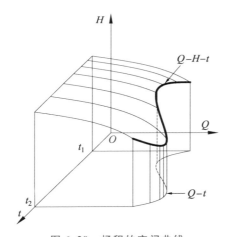

图 6.20 扬程的空间曲线

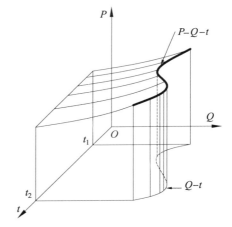

图 6.21 轴功率的空间曲线

6.3.2 水泵运行参数及能耗指标的计算[85]

（1）水力能耗的计算

水泵运行的水力能耗是指某段时间内水泵装置输出的水量与扬程之积，即

$$P_{\mathrm{w}} = \frac{GH}{3.6 \times 10^6} = \frac{\rho g QHT}{3.6 \times 10^6} \tag{6-24}$$

式中：P_{w} 为某段时间 T 内水泵运行的水能，$\mathrm{kW \cdot h}$；G 为同一时段 T 内水泵的提水总量，kg；H 为同一时段 T 内水泵的平均扬程，m；T 为提水时间，h；Q 为 T 时段内水泵的平均流量，$\mathrm{m^3/h}$；ρ 为水的密度，$\mathrm{kg/m^3}$；g 为重力加速度，取 $9.807 \ \mathrm{m/s^2}$。

将扬程的空间曲线沿 Q 轴负方向平移可以得到扬程的空间曲面，定义其数学表达式 $H = H_1(t)$，它表示母线平行于 Q 轴的柱面。从图 6.22 中可以看出，水泵运行的水力能耗中，流量、扬程、时间之积 QHT 就是一个曲顶柱体的体积，该曲顶柱体以 QOt 平面上 $t = t_1$，$t = t_2$，$Q = Q(t)$ 围成的闭区域 D 为底，以扬程的空间曲面 $H = H_1(t)$ 为顶。

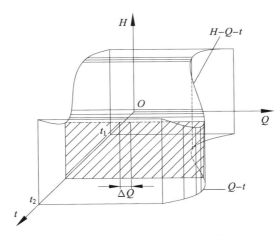

图 6.22 水力能耗计算示意图

因此，水泵运行的水力能耗可以通过下式计算：

$$P_{\mathrm{w}} = \frac{GH}{3.6 \times 10^6} = \frac{\rho g QHT}{3.6 \times 10^6}$$

$$= \frac{1}{3.6 \times 10^6} \rho g \iint_{D} H_1(t) \mathrm{d}Q \mathrm{d}t$$

$$= \frac{1}{3.6 \times 10^6} \rho g \int \left[\int H(t) Q(t) \, \mathrm{d}Q \right] \mathrm{d}t$$

$$= \frac{1}{3.6 \times 10^6} \rho g \int_{t_1}^{t_2} H(t) Q(t) \, \mathrm{d}t \tag{6-25}$$

式中：$H_1(t)$ 为某一时段 T 内泵扬程空间曲面的函数，m；$H(t)$ 为某一时段 T 内泵扬程随时间变化的函数，即 $H_1(t)$ 在平面 HOt 上的投影，将 $Q = Q(t)$ 代入 $H = H(Q)$ 可得；$Q(t)$ 为同一时段 T 内水泵流量随时间变化的函数，m^3/h。

以上所述是针对单台泵定速运行的情况。当水泵调速运行时，同样可以通过试验测得调速后水泵的流量、扬程、轴功率等参数之间的关系，并拟合得到相应的曲线方程，然后按照式(6-25)进行计算。若已知水泵调速比，则可以根据相似定律和额定转速下的流量、扬程、轴功率等参数之间的关系，求得调速后水泵各参数之间的关系，同样按照式(6-25)进行计算即可。

在大中型泵站中，为了适应各种不同时段管网中所需水量、水压的变化，常常需要设置多台水泵并联工作。Q_b，H_b，P_b 分别代表 n 台泵并联运行时总的流量、扬程和功率。通过检测可以得到多泵并联运行时的 $H_b - Q_b$，$P_b - Q_b$，$Q_b - t$ 等数据，用最小二乘法对其进行拟合，可得到相应的曲线。其函数表达式为

$$P_b = P_b(Q_b) , \quad H_b = H_b(Q_b) , \quad Q_b = Q_b(t) \tag{6-26}$$

并联运行特性曲线也可以通过对各单泵的曲线用横加法进行绘制，同理可以按照式(6-25)对多泵运行时的水能进行计算，也可以按照各单泵叠加的方式进行计算，计算式如下：

$$P_w = \frac{1}{3.6 \times 10^6} \rho g \left[\int_{t_1}^{t_2} H_1(t) Q_1(t) \, \mathrm{d}t + \int_{t_1}^{t_2} H_2(t) Q_2(t) \, \mathrm{d}t + \cdots + \right.$$
$$\left. \int_{t_1}^{t_2} H_n(t) Q_n(t) \, \mathrm{d}t \right] \tag{6-27}$$

水泵系统为了满足管网所需水量、水压的变化，通常需要变化泵运行的台数。如果在一个时段泵运行的台数有变化，那么在进行水能计算时需要得出水泵变换台数时的切换点，然后分段求解再求和。

（2）机械能耗的计算

水泵运行的机械能耗是指某段时间内水泵消耗的轴功率，即

$$P_M = P \times T \tag{6-28}$$

式中：P_M 为某段时间 T 内水泵运行的机械能，$\mathrm{kW} \cdot \mathrm{h}$；$P$ 为某段时间 T 内水泵消耗的轴功率，kW；T 为水泵运行的时间，h。

将水泵轴功率曲线沿 P 轴负方向平移可以得到轴功率的空间曲面，它是母线平行于 P 轴的柱面。从图 6.23 中可以看出，P 与 T 的乘积就是轴功率的空间曲面在 POt 平面上的投影，即 $P = P(t)$ 与时间轴 t，$t = t_1$，$t = t_2$ 围成的

面积。因此,水泵运行的机械能可以通过下式计算:

$$P_{\mathrm{M}} = P \times T = \int_{t_1}^{t_2} P(t)\mathrm{d}t \tag{6-29}$$

式中:$P(t)$ 为某一时间段 T 内水泵运行消耗的功率随时间变化的函数,将 $Q = Q(t)$ 代入 $P = P(Q)$ 即可得到,单位为 kW。

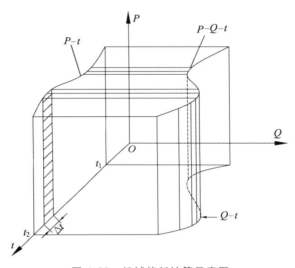

图 6.23　机械能耗计算示意图

（3）水泵运行效率及其计算

　　水泵的效率是指水泵的有效功率与轴功率之比,它随水泵的工作状态点不同而发生变化。水泵的运行效率则是指某一段运行时间 T 内水泵效率的平均,为该运行时段内水泵运行的水力能耗与机械能耗之比,即

$$\eta = \frac{P_{\mathrm{W}}}{P_{\mathrm{M}}} \times 100\%$$

$$= \frac{\dfrac{1}{3.6 \times 10^6}\rho g \iint\limits_{D} H_1(t)\mathrm{d}Q\mathrm{d}t}{\displaystyle\int_{t_1}^{t_2} P(t)\mathrm{d}t} \times 100\%$$

$$= \frac{\dfrac{1}{3.6 \times 10^6}\rho g \displaystyle\int_{t_1}^{t_2} H(t)Q(t)\mathrm{d}t}{\displaystyle\int_{t_1}^{t_2} P(t)\mathrm{d}t} \times 100\%$$

$$= \frac{\rho g \int_{t_1}^{t_2} H(t) Q(t) \mathrm{d}t}{3.6 \times 10^6 \int_{t_1}^{t_2} P(t) \mathrm{d}t} \times 100\% \tag{6-30}$$

式中：$H(t)$ 为某一时段 T 内泵扬程随时间变化的函数，将 $Q = Q(t)$ 代入 $H = H(Q)$ 得到，m；$Q(t)$ 为同一时段内水泵流量随时间变化的函数，$\mathrm{m^3/h}$。

（4）水泵供水能耗率及其计算

一个水泵是否节能，除了与水泵本身的效率有关以外，还与其运行方式有关。目前已有的运行方式主要有阀门调节控制、变频调速恒压控制和变频调速变压控制方式。这些运行方式都或多或少会造成能源的浪费。

为了对水泵供需平衡进行分析，假设当前水泵工作在 A_1 点，对应的转速为 n，流量为 Q_1，扬程为 H_1，现用户端要求水泵提供能量变为流量 Q_2、扬程 H_3，如图 6.24 所示。如果采用阀门调节控制，则需减小泵出口处节流阀的开度，于是管阻阻力增大曲线变为 R_1，水泵工作在 A_2 点，此时对应的扬程为 H_2，与用户端需求相比，扬程超了 $H_2 - H_3$。如果采用变频调速恒压控制，调节水泵转速至 n_1，流量沿着恒压力线 $H_1 A_1$ 从 Q_1 减少到 Q_2，此时水泵工作在 A_3 点，与用户端需求相比，扬程超了 $H_1 - H_3$。如果采用变频调速变压控制方式，调节水泵转速至 n_2，水泵工作在 A_4 点，对应的流量为 Q_2，扬程为 H_3，与客户所需相等。由此可见，水泵最理想的运行方式是水泵沿装置需求特性曲线变速变压运行，此时水泵提供的能量等于装置所需的能量。

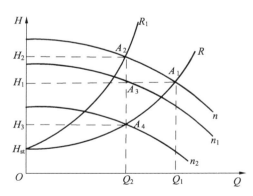

图 6.24　不同控制方式下水泵运行原理图

设装置需求的特性曲线为

$$H_D(Q) = H_{st} + SQ^2 \tag{6-31}$$

则水泵沿装置需求曲线在变速变压运行方式下所需的最小水力能耗按下式计算：

$$P_{WD} = \frac{\rho g H_D Q t}{3.6 \times 10^6} = \frac{\rho g}{3.6 \times 10^6} \int_{t_1}^{t_2} H_D(t)Q(t)\mathrm{d}t \qquad (6\text{-}32)$$

式中：P_{WD} 为水泵在某运行时段 T 内沿装置需求曲线变速变压运行所需要的最小水力能耗，$kW \cdot h$；$Q(t)$ 为同一时段内水泵运行的流量，m^3/h；$H_D(t)$ 为同一时段内水泵装置随时间变化运行所需要的扬程，m；g 为重力加速度，取 $9.807\ m/s^2$。

水泵实际运行时提供的水力能耗可按下式计算：

$$P_{WS} = \frac{\rho g H Q t}{3.6 \times 10^6} = \frac{\rho g}{3.6 \times 10^6} \int_{t_1}^{t_2} H(t)Q(t)\mathrm{d}t \qquad (6\text{-}33)$$

式中：P_{WS} 为水泵在某运行时段 T 内实际运行所提供的水能，$kW \cdot h$；$Q(t)$ 为同一时段内水泵运行的流量，m^3/h；$H(t)$ 为同一时段内水泵实际运行方式下随时间变化的扬程，m；g 为重力加速度，取 $9.807\ m/s^2$。

以水泵实际运行提供的水力能耗 P_{WS} 和水泵沿装置需求曲线运行所需的最小水力能耗 P_{WD} 的差与 P_{WS} 之比，建立水泵供水能耗率评价指标如下：

$$e_G = \frac{P_{WS} - P_{WD}}{P_{WS}} \times 100\% \qquad (6\text{-}34)$$

水泵实际提供的水能与水泵沿装置需求曲线运行所需水能越接近，即水泵能量供需越平衡，水泵的能源浪费越小，该供水能耗率指标计算值越接近于零，因此该能耗率指标可以直接地反映水泵所供水能的节能空间。

⑦ 离心泵系统节能策略典型案例

7.1　案例一：循环水系统节能技术

7.1.1　水泵系统概述

　　该系统为循环水泵站，为某铝业公司生产工艺中的重要设施。系统由8台单级双吸式离心泵组成，其中冷、热水泵各4台，均为3用1备，配套电机均为10 kV高压电机。图7.1所示为该泵站的现场，泵站采用阀门控制，没有其他调控手段。

图 7.1　泵站现场

循环水系统工艺流程如图 7.2 所示。

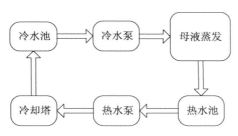

图 7.2　循环水系统工艺流程图

母液蒸发工艺是泵站的主要用户，蒸发器距泵站吸水池水面的垂直高度 H_0 约为 22 m，蒸发器工作压力为 0.2 MPa，入口管径 700 mm，其水量调节过程由 F_{21} 和 F_{11} 完成。因为该过程所需要的流量和压力由冷水泵机组提供，所以这里主要讨论冷水泵机组的相关情况，其系统构成如图 7.3 所示。

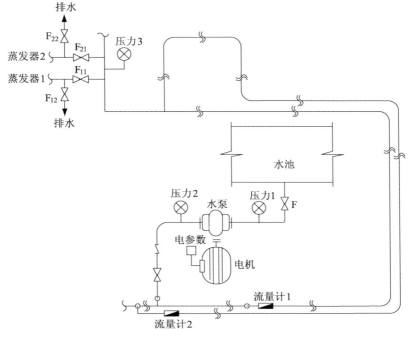

图 7.3　冷水泵系统设置图

冷水泵的设计参数如表 7.1 所示。

表 7.1　冷水泵的设计参数

流量/(m³/h)	扬程/m	转速/(r/min)	效率/%	配套功率/kW
2 850	58	960	86	710

通过水泵特性的在线测试,得到其性能检测数据如表 7.2 所示,性能曲线如图 7.4 所示。

表 7.2　泵性能在线检测数据

泵流量/(m³/h)	泵扬程/m	轴功率/kW	泵效率/%
956	66.28	381.10	45.27
1 096	65.47	388.75	50.25
1 472	64.66	430.10	60.27
1 810	63.59	462.76	67.72
2 156	63.13	495.09	74.86
2 533	61.78	523.16	81.46
3 001	58.56	554.63	86.23
3 498	54.68	603.97	86.30
3 795	52.15	629.49	85.63
3 883	51.49	642.25	84.78
3 895	51.41	644.81	84.58

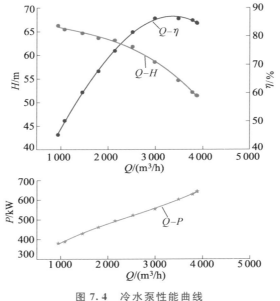

图 7.4　冷水泵性能曲线

对表7.2中泵性能在线检测数据进行最小二乘拟合，得到水泵运行的扬程和轴功率随流量变化的函数分别如下：

$$H = 70.39 - 1.78 \times 10^{-6} Q^2 \tag{7-1}$$

$$P = 230.5 + 0.102\ 5Q + 5.826 \times 10^{-6} Q^2 - 2.1 \times 10^{-9} Q^3 \tag{7-2}$$

经母液蒸发工艺支管的管损为

$$\Delta h = 3.51 \times 10^{-7} Q^2 \tag{7-3}$$

泵站某天日流量数据见表7.3。泵站某天日流量变化曲线如图7.5所示。

表7.3　泵站某天日流量数据

时间	流量/(m³/h)	时间	流量/(m³/h)	时间	流量/(m³/h)
0:00	2 895.6	8:00	4 590.1	16:00	4 750.2
1:00	2 990.3	9:00	4 621.3	17:00	4 600.6
2:00	3 280.7	10:00	4 753.1	18:00	4 205.1
3:00	3 535.2	11:00	4 806.3	19:00	4 053.1
4:00	3 953.2	12:00	4 888.7	20:00	3 806.8
5:00	3 978.5	13:00	4 895.3	21:00	3 612.6
6:00	4 201.6	14:00	4 876.3	22:00	3 255.1
7:00	4 320.4	15:00	4 805.4	23:00	3 058.3

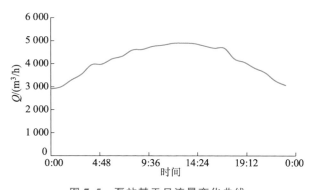

图7.5　泵站某天日流量变化曲线

经过调取相关数据记录，确定其年用水规律近似如图7.6所示。泵站年用水统计如图7.7所示。

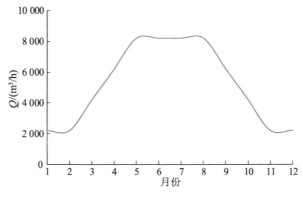

图 7.6　泵站年用水规律

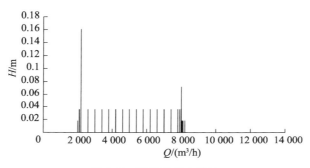

图 7.7　泵站年用水统计

7.1.2　运行分析

（1）系统能量供需分析

根据工艺分析，该系统在母液蒸发工艺中需要保持一定的压力值，属于在完成输送的同时还需要某些装置能维持一定压力的泵系统，在实际应用中只有实现母液蒸发工艺，该系统才算完成目标。蒸发器距泵系统吸水池水面的垂直高度 H_0 约为 22 m，蒸发器工作压力为 0.2 MPa，即母液蒸发工艺需要不低于 42 m 的水头，因此只需要水泵能够克服式(7-1)中母液蒸发工艺支管的管损，高差 22 m，工作压力 0.2 MPa，即能满足需要。本系统使用阀门调节方式，水泵沿着泵组特性运行。因此实际运行过程线和需求过程线如图 7.8 所示。

根据式(3-7)、式(3-8)、式(3-10)和式(7-1)，在一天中，各部分的能耗为

$$W_A = \frac{1}{3.6 \times 10^6}\rho g \int_0^{t_1} H(t)Q(t)\mathrm{d}t = 15\ 245.22\ \mathrm{kW \cdot h}$$

同理，$W_O = 11\ 288.56\ \text{kW} \cdot \text{h}$；$W_N = 12\ 661.96\ \text{kW} \cdot \text{h}$。

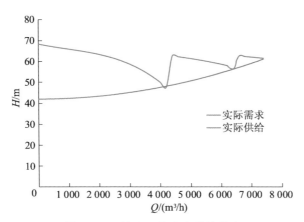

图 7.8　系统实际需求和供给曲线

（2）泵组调度及配置分析

该系统采用并联运行方式，并且水泵为同一组型号，根据"横加法"即可得到该泵站系统的运行特性，如图 7.9 所示。从图中可以看出，管路需求系统特性曲线与单泵特性曲线的交点坐标为（4 200 m³/h，47.6 m），即循环水泵站单泵实际运行的最大临界点，也是单泵和双泵运行的切换点，若流量超过 4 200 m³/h，则单台水泵所提供的扬程就不能满足工艺要求了，必须开启两台水泵才能满足需要。管路系统特性曲线与双泵并联特性曲线的交点坐标为（6 500 m³/h，57.6 m），即双泵并联运行的最大临界点，若流量超过 6 500 m³/h，则双泵运行所提供的扬程就不能满足工艺要求了，必须开启三台水泵才能满足需要。

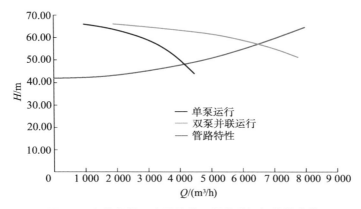

图 7.9　氧化铝循环水泵站单双泵并联运行特性曲线

由图 7.4 可以看出，水泵的最高泵效率约为 86.3%，此时流量约为 3 500 m³/h，扬程约为 54 m；当流量为 2 400～4 200 m³/h 时，泵效率高于 80%。

根据式(5-24)计算后，该系统的高效区如图 7.10 所示。

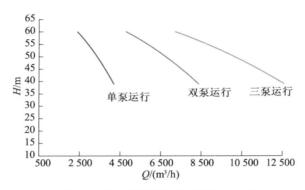

图 7.10　系统单双泵并联运行特性曲线

从表 7.3 泵站某天日流量数据可以得知，泵站该天的最小流量为 2 895.6 m³/h，最大流量为 4 895.3 m³/h。由上述分析可知，如图 7.11 所示，水泵基本运行在高效区内，运行状态良好。

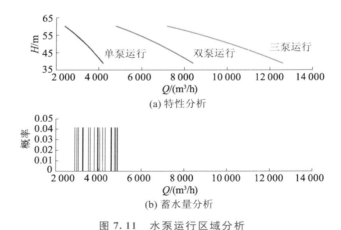

(a) 特性分析

(b) 蓄水量分析

图 7.11　水泵运行区域分析

根据式(7-2)，即可得系统的输入功率为

$$W_{in} = \int_0^{t_1} P(t)\mathrm{d}t = 18\ 920.72\ \mathrm{kW \cdot h}$$

从计算出的泵站水泵该天实际运行能耗看，水泵运行效率基本在高效区

内。从水泵该天供水能耗率看,由于水泵采用阀门控制的节流方式运行,当天实际运行提供的水能远大于客户端所需的水能,其能量主要浪费在调节中,可通过优化运行调节方式来节能。

7.1.3 技术改造策略分析

由于能量主要浪费在调节中,若通过优化运行调节方式来节能,则需要配置变频器,而对于不同的配置方式就要讨论其可行性和经济性。

(1) 改造可行性分析

① 不改变水泵配置的单变频配置

在不改变水泵配置的条件下,现对其中一台水泵实施变频调节。假设其调速比为 0.7,则水泵能够运行的高效区可根据式(5-25)进行计算,其结果如图 7.12 所示。

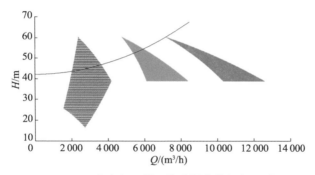

图 7.12 单变频配置下的水泵高效运行区域

从图 7.12 可以看出,在单变频配置下,高效区不包括 4 000~5 000 m³/h,7 000~8 000 m³/h,而从图 7.7 的年度用水统计中可看出,这两个流量段也是水泵的主要工作范围。因此从优化运行的观点出发,采用此种方法不能保证每个工况点都能运行在高效区。

但针对供水需求所需要的压力,采用上述配置是能够满足需求的,因此从运行控制上看,这是可行的。

② 不改变水泵配置的双变频配置

在不改变水泵配置的条件下,现对其中的两台水泵实施变频调节。假设其调速比为 0.7,通过计算,水泵能够运行的高效区如图 7.13 所示。

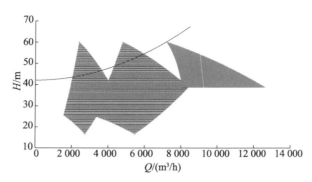

图 7.13　双变频配置下的水泵高效运行区域

从图 7.13 可以看出,在双变频配置下,高效区包括了水泵的主要工作范围。采用此种方法能够保证大多数工况点都运行在高效区。从节能的角度看,此种方法是可行的。

③ 不改变水泵配置的全变频配置

若对每个水泵都实施变频调节,通过计算,水泵能够运行的高效区如图 7.14 所示。

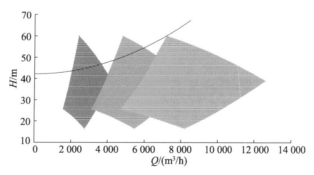

图 7.14　全变频配置下的水泵高效运行区域

如图 7.14 所示,在全变频配置下,高效区包括了水泵的主要工作范围。采用此种方法能够保证大多数工况点都运行在高效区。相对于双变频,覆盖工作段的高效区没有特别明显的拓宽,但由于在多种运行方式下,其高效区重合的区域较大,即可选择的调度方案更多,因此取得最优解的可能性较大。

④ 配置过渡泵的单变频配置

由于单变频同型号配置下,高效区的范围不能满足运行控制的高效要求,而采用多变频配置成本较高,因此可通过配置一个小泵作为过渡泵来提高调节能力,参考 5.15 节中的描述,可采用一半配置大小的泵。

选用的过渡泵转速为 1 450 r/min，扬程为 58 m，设计流量为 1 425 m³/h。过渡泵的性能参数见表 7.4。

表 7.4　过渡泵的性能参数

流量/(m³/h)	扬程/m	轴功率/kW	泵效率/%
0	70.05	146.7	0
143	69.77	154.1	17.5
285	69.43	163.5	32.9
428	68.95	174.9	45.8
570	68.25	186.9	56.6
713	67.37	199.5	65.4
855	66.26	212.6	72.4
998	64.83	225.6	77.9
1 140	63.02	238.4	82.0
1 283	60.79	252.3	84.0
1 425	58.00	265.6	84.6
1 568	54.21	277.3	83.0
1 710	49.52	288.5	79.8
1 853	43.99	298.9	74.1
1 924	40.83	302.0	70.7

该过渡泵运行高效区的流量范围为 1 200～1 800 m³/h，调速比为 0.7。其特性方程可表示为

$$H = 71.17 - 7.488 \times 10^{-6} Q^2$$
$$P = 146.6 + 0.05Q + 4.4 \times 10^{-5} Q^2 - 1.44 \times 10^{-8} Q^3$$

在配置过渡泵的条件下，对其中的一台水泵实施变频调节，通过计算，水泵能够运行的高效区如图 7.15 所示。

如图 7.15 所示，高效区几乎包括水泵的主要工作范围。采用此种方法几乎能够保证每个工况点都运行在高效区。从节能的角度看，此种方法是可行的。由于使用单变频配置的方法，其改造的投资成本也较少，是一种性价比较高的方法。但是由图可以得出，在不同的运行方式下，高效区重合的区域较小，即可选的调度方案较少，其优化的结果可能相对较差。

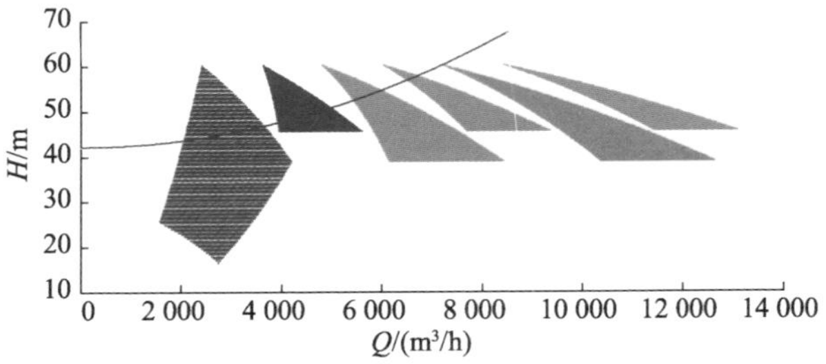

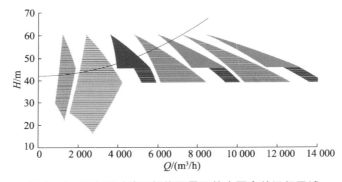

图 7.15   单变频过渡泵配置下的水泵高效运行区域

⑤ 配置过渡泵的单变频切换配置

针对过渡泵单变频配置,可选的调度方案较少的问题,采用具有变频切换控制的系统进行改进,其高效区如图 7.16 所示。

图 7.16   单变频过渡泵切换配置下的水泵高效运行区域

如图 7.16 所示,高效区几乎包括了水泵的主要工作范围。采用此种方法几乎能够保证每个工况点都运行在高效区。在不同的运行方式下,其高效区重合区域的面积相对于无切换的配置方式要大,因此得到最优结果的可能性大大增加。

(2) 经济性研究

在上述配置策略的基础上,建立了轴功率最小的调度函数,采用遗传算法求解在工作流量段内的轴功率值,其结果如图 7.17 所示。

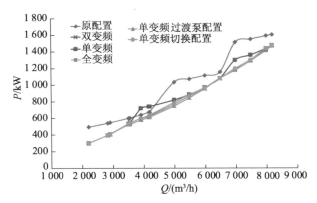

图 7.17 不同配置策略下的轴功率

根据图 7.6 所示的年用水规律和图 7.17 所示的多种配置策略下的轴功率,可计算年耗电量。不同配置策略下的能耗值见表 7.5。

表 7.5 不同配置策略下的能耗值

配置方案	年能耗/(kW·h)	年节约能耗/(kW·h)	年节能率/%
原配置	9 075 400	0	0
单变频配置	7 745 900	1 329 500	14.6
单变频过渡泵配置	7 673 100	1 402 300	15.5
单变频切换配置	7 614 261	1 461 139	16.1
双变频配置	7 570 600	1 504 800	16.6
全变频配置	7 549 200	1 526 200	16.8

假设每千瓦时的电价为 0.6 元,配置高压变频器 10 kV – 710 kW 的市场平均价格为 100 万元,再加上安装费等其他费用,每台变频器的费用约为 150 万元;配置切换控制系统的费用约为 10 万元;全变频方案需安装三台变频器,单变频方案需安装一台变频器;一台过渡泵的价格加上其配套的高压电机及安装费用约为 25 万元,则不同配置方案下水泵站的各项费用对比如表 7.6 所示。

表 7.6 不同配置方案下水泵站的各项费用对比

配置方案	电费/百万元	节约/百万元	初始投资/百万元	投资回收期/年
原配置	5.45			
单变频配置	4.65	0.797 7	1.5	1.8
单变频过渡泵配置	4.6	0.841 38	1.75	2

配置方案	电费/百万元	节约/百万元	初始投资/百万元	投资回收期/年
单变频切换配置	4.56	0.89	1.85	2
双变频配置	4.54	0.915 72	3	3.3
全变频配置	4.53	0.902 88	4.5	5

不同配置策略下年度经济收益如图 7.18 所示。

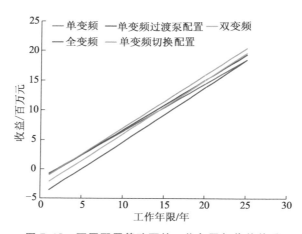

图 7.18 不同配置策略下的工作年限与收益关系

由图 7.18 可知,当工作年限在 5 年内,选择单变频调速比较有利;而需要工作 15 年左右时,采用单变频调速配置过渡泵的方式较为有利;若能够实现多泵的切换,则收益会更高;而工作超过 15 年后,就需要配置多变频设备,工作年限越长,需要配置的变频器越多。

7.2 案例二：城市给排水行业典型泵系统节能

7.2.1 泵站概述

该泵站为某城市的取水泵站,其进水能力按 3×10^5 m³/d 规模设计,取水头部采用带进水格栅的喇叭口从引河中直径为 6 m 的钢制沉井中取水;钢制沉井顶为黄海标高 −1.7 m,内底标高 −4.15 m;过栅流速为 0.6 m/s,引河最高水位为 6.7 m,最低水位标高 −1.09 m,河床底标高 −2.89 m;进水管为两根 DN1400 虹吸钢管,每根长 90 m,管内正常流速为 1.1 m/s,虹吸管中心标高 1.6 m。吸水井、取水泵房土建按 3×10^5 m³/d 规模考虑,合并式建造,沉井施工,土建尺寸 37.24 m×22.24 m;吸水井总深度 12.15 m,井底标高 −5.65 m,井顶标高 7.5 m。吸水井分成进水和吸水两室,前室隔成三格,均安装虹吸进水管;后室分成三格,每格均安装一根水泵吸水管。吸水井内装有超声波液位,可将液位信息直接输送到现场中心控制室。泵房内装有 24SAP-14 双吸式离心泵 4 台,设计流量为 2 915 m³/h,扬程为 15 m;驱动电机为 Y355L2-10,160 kW 三相/50 Hz/360 V 低压电机,4 只衬胶 Bray 蝶阀,带有 ROTORK 电动装置;水泵布置采用单行排列,每台水泵上还安装有进水手动蝶阀 1 只,出水微阻止回阀 1 只,手动栓行蝶阀 1 只。

泵厂提供的样本性能如图 7.19 所示,其高效区流量为 2 250～3 370 m³/h,效率在 80% 以上。设计点即最高效率点,流量为 2 917 m³/h,效率为 87.8%。

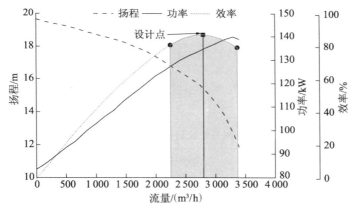

图 7.19 泵性能曲线样本图

自吸水泵房到净水厂的浑水输水管线长约为 160 m,其主要为两路 DN1200 的铸钢管,管道沿线低洼处设有排水口,隆起处设有双口排气阀,全线中间设有检修阀门。泵站输水管网如图 7.20 所示。

图 7.20　泵站输水管网图

7.2.2　取水系统运行现场测试

（1）泵性能测试

① 检测装置

水泵性能在线检测系统参照国家标准 GB 3216—2016《离心泵、混流泵、轴流泵和旋涡泵试验方法》，国标要求的测量仪表允许系统误差和在线检测系统采用的相关测量仪表及其允许系统误差见表 7.7。由此可以看出，该在线检测系统满足测试要求。

表 7.7　在线检测系统仪器及其精度和国标精度规定

项目	国标精度/%	仪器	规格、型号	精度/%
流量	2.5	电磁流量计	MS900	0.4
扬程	2.5	压力表	YB-150A	0.5
转速	1	手持式转速仪	UT372	0.04
功率	2	数字式功率仪	370ACM	0.5

② 测试方法

为了得到水泵的性能特性，即泵的扬程、轴功率、效率与流量之间的关系，根据现场在线检测条件，最小工况可从阀门开度的关死点开始，测试点之间间隔应均匀，直至阀门开度为 100%，其间不得少于 10 个测试点。

流量调节通过泵出口的电动蝶阀进行。采用系统中原有的电磁流量变送器测量流量，采用压力表测量进出口的压力，采用光电转速传感器测量转速。

扬程的计算方法如下：

$$H = \frac{p_2 - p_1}{102} + z + \frac{v_2^2 - v_1^2}{2g}$$

式中:p_2,p_1 分别为进出口压力;v_1,v_2 分别为进出口速度;z 为进出口管道轴线高度差。

通过测量电机的输入功率,依据供应商提供的输入、输出特性曲线计算轴功率。

③ 在线测试方案

在线检测时工况调节需要统一调度指挥,试验选择在阴雨天和用水较少时进行。管路系统由多台水泵并联组成,考虑到多泵运行会对测量产生误差,因此在试验中只运行待检水泵,以提高检测的可靠性。

测试前,按要求配置检测系统和仪器仪表,按要求关闭有关阀门,为保证不影响制水量,使用另一取水泵房保证供水。为试验配备专职调试人员、数据记录人员和现场测试负责人。负责人负责整个试验的协调、调度和指挥;调试人员负责在负责人的指挥调度下调整工况;记录人员负责记录数据。工况调节按阀门开度进行,开度分别为 100%,50%,40%,30%,27%,25%,22%,18%,15%,5%共 10 个测试点,试验从 0% 开度开始;每个测试点测量 3 次,每次间隔2 min,各开度点需稳定 5 min 后再开始读数;每次读数,都需读取流量、进口压力、出口压力、转速和功率、机组振动值和吸水井的水位。

数据处理按检测方法中的规定进行,各测试点数据按 3 次读数的平均值计算,流量、扬程、功率还需换算至额定转速,性能曲线按额定转速下的数据绘制。

图 7.21 所示为在线测量的泵性能特性曲线,与原厂提供的样本数据相比,性能相差较大,扬程下降约 3 m,设计点效率下降约 16%。

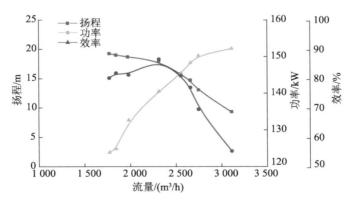

图 7.21 泵性能实测特性曲线

（2）系统特性测试

系统特性测试主要是通过泵站 DCS 测试系统对一些数据进行提取分析（见表 7.8），进而得出当前运行状态、能耗及管路损失等。

表 7.8　泵站水泵运行状况采集

水位/m	流量/(m³/h)	水泵运行台数/台	阀门开度/%	进口压力/MPa	出口压力/MPa	功率/kW	汇流段压力/MPa
1.05	8 700	3	100	0.030	0.160	462	0.078
1.25	6 200	2	100	0.030	0.140	316	0.055

由表 7.8 和表 7.9 可知，当前水泵性能较差，综合运行效率不到 70%，远低于设计效率。

表 7.9　泵站水泵性能对比

水位/m	流量/(m³/h)	单泵流量/(m³/h)	实际扬程/m	出厂扬程/m	实际效率/%	原效率/%
1.05	8 700	2 900	13	15.5	73	89
1.25	6 200	3 100	11	14	65	85

由表 7.10 可知，在管路损失中，出口至汇流段的损失最大，其主要原因是存在出口闸阀和止回阀的损失。

表 7.10　泵站各段管路损失分析

水位/m	流量/(m³/h)	进口段管路损失/m	出口至汇流管管路损失/m	汇流管至水厂管路损失/m
1.05	8 700	0.6	2.7	1.3
1.25	6 200	0.5	2.9	0.5

7.2.3　运行需求分析

由于受现场条件的限制，试验主要根据提供的管网布置图等，按照 Flowmaster 系统中各个元件的精确描述来建立相关结构模型，同时基于实际运行监测数据进行修正，以确保建立模型的准确性。

通过该取水泵站仿真模拟模型，可对各种运行情况进行分析模拟，这是确定改造方案的重要基础。图 7.22 为建立的泵站仿真模拟模型。

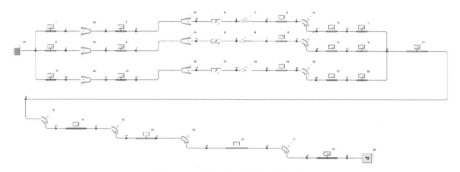

图 7.22　泵站仿真模拟模型

对汇流管段至沉清叠合池部分进行建模,适当简化后,可得到图 7.23 所示的运行图。

图 7.23　汇流段至沉清叠合池建模

仿真系统输入源为流量源,模拟由 3 台泵流出之后在汇流管段处的流量,之后根据实际调研及图纸进行建模,各段管路的长度直接在软件中输入,管路的高度由与管路相邻处的节点确定。直管、弯管的损失系数根据经验初定一个值,之后根据实际运行数据对其进行校正。管路到水厂后,一分为二,进入两个水池,水池底部标高及液面高度根据实际数据输入软件,进入水池前有两个闸阀控制进入各个水池的流量。

汇流段至沉清叠合池部分的校正过程:根据所提供的流量及压力数据进行相关系数的调整。实测在流量为 8 700 m³/h 时汇流段水头约为 7 m,由于测点位置在汇流段上方约 2.2 m 处,因而换算到汇流段的水头约为 9 m。通过调整相关系数及闸阀开度,将计算水头校正到约 9 m。通过校正后的仿真模型进行计算,得到流量为 6 300 m³/h 时,汇流段水头约为 7.7 m;实际测量数据为流量在 6 200 m³/h 时,汇流段水头为 5.5 m,换算到汇流段的水头约为 7.7 m。因此,可以认为仿真系统与实际运行具有较好的吻合性,可以指导实际应用。

对吸水池至汇流段部分进行建模时,为了研究管路系统的特性,此部分将泵元件移除。双泵系统和三泵系统的仿真模型分别如图 7.24 和图 7.25所示。

图 7.24　双泵系统仿真模型

图 7.25　三泵系统仿真模型

该仿真模型包括进口流量源、进口直管、大小头、单向阀、闸阀等,并与经过校正的汇流段至出口部分的模型相连接。

吸水池至汇流段部分的校正过程:通过给定流量,校正泵进出口位置的压力值,修改相关系数,使得泵进出口位置的压力值与实际测得的压力值相一致。至此,整个输水系统的建模已经完成。

仿真过程:通过给定不同流量,分别测得双泵系统和三泵系统下整个管路的管路损失。然后绘出管路特性曲线,如图 7.26 和图 7.27 所示。

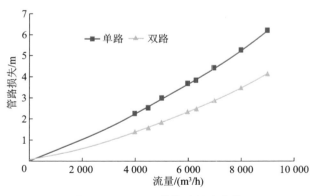

图 7.26　双泵系统管路损失曲线

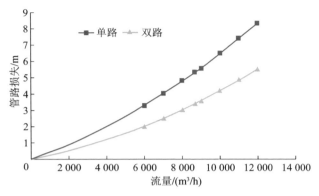

图 7.27 三泵系统管路损失曲线

计算吸水池进口到泵的位置、泵到汇流段、汇流段到进厂、进厂到沉清叠合池等各个管路的损失，如表 7.11、表 7.12 所示。

表 7.11 双泵各段管路损失

流量/ (m³/h)	吸水池至泵 损失/m	泵至汇流段 损失/m	汇流段至进厂 损失/m	进厂至沉清叠合 池损失/m
4 000	0.48	0.06	1.74	0.24
4 500	0.57	0.09	1.93	0.32
5 000	0.67	0.10	2.19	0.38
6 000	0.87	0.12	2.65	0.54
6 300	0.93	0.12	2.72	0.60
7 000	1.10	0.14	3.10	0.73
8 000	1.35	0.19	3.56	0.96
9 000	1.62	0.21	4.07	1.21

表 7.12 三泵各段管路损失

流量/ (m³/h)	吸水池至泵 损失/m	泵至汇流段 损失/m	汇流段至进厂 损失/m	进厂至沉清叠合 池损失/m
6 000	0.49	0.11	2.56	0.54
7 000	0.60	0.15	3.07	0.74
8 000	0.72	0.18	3.55	0.97
8 700	0.82	0.19	3.87	1.14

流量/ (m³/h)	吸水池至泵 损失/m	泵至汇流段 损失/m	汇流段至进厂 损失/m	进厂至沉清叠合 池损失/m
9 000	0.86	0.21	4.01	1.22
10 000	1.01	0.26	4.59	1.50
11 000	1.17	0.30	5.11	1.81
12 000	1.35	0.34	5.62	2.16

由于管路特性没有变,在吸水池不同高度下的管路损失曲线。改变的仅仅是净扬程,因此可以通过管路特性曲线进行上下平移得到。这里不再绘图,直接给出不同吸水池和不同流量下的管路损失,即系统运行工况谱,如表 7.13 至表 7.16 所示。

表 7.13　取水泵站 3 台泵单路运行时运行工况谱　　　　　　　　m

流量/ (m³/h)	水位/m													
	0.5	1	1.5	2	2.5	3	3.5	4	4.5	5	5.5	6	6.5	7
5 000	10.33	9.83	9.33	8.83	8.33	7.83	7.33	6.83	6.33	5.83	5.33	4.83	4.33	3.83
5 500	10.72	10.22	9.72	9.22	8.72	8.22	7.72	7.22	6.72	6.22	5.72	5.22	4.72	4.22
6 000	11.10	10.60	10.10	9.60	9.10	8.60	8.10	7.60	7.10	6.60	6.10	5.60	5.10	4.60
6 500	11.48	10.98	10.48	9.98	9.48	8.98	8.48	7.98	7.48	6.98	6.48	5.98	5.48	4.98
7 000	11.86	11.36	10.86	10.36	9.86	9.36	8.86	8.36	7.86	7.36	6.86	6.36	5.86	5.36
7 200	12.01	11.51	11.01	10.51	10.01	9.51	9.01	8.51	8.01	7.51	7.01	6.51	6.01	5.51
7 400	12.16	11.66	11.16	10.66	10.16	9.66	9.16	8.66	8.16	7.66	7.16	6.66	6.16	5.66
7 500	12.24	11.74	11.24	10.74	10.24	9.74	9.24	8.74	8.24	7.74	7.24	6.74	6.24	5.74
7 600	12.31	11.81	11.31	10.81	10.31	9.81	9.31	8.81	8.31	7.81	7.31	6.81	6.31	5.81
7 800	12.46	11.96	11.46	10.96	10.46	9.96	9.46	8.96	8.46	7.96	7.46	6.96	6.46	5.96
8 000	12.61	12.11	11.61	11.11	10.61	10.11	9.61	9.11	8.61	8.11	7.61	7.11	6.61	6.11
8 200	12.76	12.26	11.76	11.26	10.76	10.26	9.76	9.26	8.76	8.26	7.76	7.26	6.76	6.26
8 400	12.91	12.41	11.91	11.41	10.91	10.41	9.91	9.41	8.91	8.41	7.91	7.41	6.91	6.41
8 500	12.99	12.49	11.99	11.49	10.99	10.49	9.99	9.49	8.99	8.49	7.99	7.49	6.99	6.49
8 600	13.07	12.57	12.07	11.57	11.07	10.57	10.07	9.57	9.07	8.57	8.07	7.57	7.07	6.57
8 800	13.22	12.72	12.22	11.72	11.22	10.72	10.22	9.72	9.22	8.72	8.22	7.72	7.22	6.72
9 000	13.39	12.89	12.39	11.89	11.39	10.89	10.39	9.89	9.39	8.89	8.39	7.89	7.39	6.89
9 200	13.56	13.06	12.56	12.06	11.56	11.06	10.56	10.06	9.56	9.06	8.56	8.06	7.56	7.06

续表

流量/	水位/m													
(m³/h)	0.5	1	1.5	2	2.5	3	3.5	4	4.5	5	5.5	6	6.5	7
9 400	13.74	13.24	12.74	12.24	11.74	11.24	10.74	10.24	9.74	9.24	8.74	8.24	7.74	7.24
9 500	13.84	13.34	12.84	12.34	11.84	11.34	10.84	10.34	9.84	9.34	8.84	8.34	7.84	7.34
9 600	13.93	13.43	12.93	12.43	11.93	11.43	10.93	10.43	9.93	9.43	8.93	8.43	7.93	7.43
9 800	14.12	13.62	13.12	12.62	12.12	11.62	11.12	10.62	10.12	9.62	9.12	8.62	8.12	7.62
10 000	14.31	13.81	13.31	12.81	12.31	11.81	11.31	10.81	10.31	9.81	9.31	8.81	8.31	7.81
10 200	14.50	14.00	13.50	13.00	12.50	12.00	11.50	11.00	10.50	10.00	9.50	9.00	8.50	8.00
10 400	14.68	14.18	13.68	13.18	12.68	12.18	11.68	11.18	10.68	10.18	9.68	9.18	8.68	8.18
10 500	14.77	14.27	13.77	13.27	12.77	12.27	11.77	11.27	10.77	10.27	9.77	9.27	8.77	8.27
10 600	14.86	14.36	13.86	13.36	12.86	12.36	11.86	11.36	10.86	10.36	9.86	9.36	8.86	8.36
10 800	15.04	14.54	14.04	13.54	13.04	12.54	12.04	11.54	11.04	10.54	10.04	9.54	9.04	8.54
11 000	15.22	14.72	14.22	13.72	13.22	12.72	12.22	11.72	11.22	10.72	10.22	9.72	9.22	8.72
11 200	15.40	14.90	14.40	13.90	13.40	12.90	12.40	11.90	11.40	10.90	10.40	9.90	9.40	8.90
11 400	15.58	15.08	14.58	14.08	13.58	13.08	12.58	12.08	11.58	11.08	10.58	10.08	9.58	9.08
11 500	15.67	15.17	14.67	14.17	13.67	13.17	12.67	12.17	11.67	11.17	10.67	10.17	9.67	9.17
11 600	15.76	15.26	14.76	14.26	13.76	13.26	12.76	12.26	11.76	11.26	10.76	10.26	9.76	9.26
11 800	15.95	15.45	14.95	14.45	13.95	13.45	12.95	12.45	11.95	11.45	10.95	10.45	9.95	9.45
12 000	16.14	15.64	15.14	14.64	14.14	13.64	13.14	12.64	12.14	11.64	11.14	10.64	10.14	9.64

表 7.14　取水泵站 3 台泵双路运行时运行工况谱　　　　　　　　　　　　m

流量/	水位/m													
(m³/h)	0.5	1	1.5	2	2.5	3	3.5	4	4.5	5	5.5	6	6.5	7
5 000	9.32	8.82	8.32	7.82	7.32	6.82	6.32	5.82	5.32	4.82	4.32	3.82	3.32	2.82
5 500	9.57	9.07	8.57	8.07	7.57	7.07	6.57	6.07	5.57	5.07	4.57	4.07	3.57	3.07
6 000	9.82	9.32	8.82	8.32	7.82	7.32	6.82	6.32	5.82	5.32	4.82	4.32	3.82	3.32
6 500	10.07	9.57	9.07	8.57	8.07	7.57	7.07	6.57	6.07	5.57	5.07	4.57	4.07	3.57
7 000	10.33	9.83	9.33	8.83	8.33	7.83	7.33	6.83	6.33	5.83	5.33	4.83	4.33	3.83
7 200	10.43	9.93	9.43	8.93	8.43	7.93	7.43	6.93	6.43	5.93	5.43	4.93	4.43	3.93
7 400	10.53	10.03	9.53	9.03	8.53	8.03	7.53	7.03	6.53	6.03	5.53	5.03	4.53	4.03
7 500	10.58	10.08	9.58	9.08	8.58	8.08	7.58	7.08	6.58	6.08	5.58	5.08	4.58	4.08
7 600	10.63	10.13	9.63	9.13	8.63	8.13	7.63	7.13	6.63	6.13	5.63	5.13	4.63	4.13
7 800	10.74	10.24	9.74	9.24	8.74	8.24	7.74	7.24	6.74	6.24	5.74	5.24	4.74	4.24

流量/(m³/h)	水位/m													
	0.5	1	1.5	2	2.5	3	3.5	4	4.5	5	5.5	6	6.5	7
8 000	10.84	10.34	9.84	9.34	8.84	8.34	7.84	7.34	6.84	6.34	5.84	5.34	4.84	4.34
8 200	10.94	10.44	9.94	9.44	8.94	8.44	7.94	7.44	6.94	6.44	5.94	5.44	4.94	4.44
8 400	11.05	10.55	10.05	9.55	9.05	8.55	8.05	7.55	7.05	6.55	6.05	5.55	5.05	4.55
8 500	11.10	10.60	10.10	9.60	9.10	8.60	8.10	7.60	7.10	6.60	6.10	5.60	5.10	4.60
8 600	11.15	10.65	10.15	9.65	9.15	8.65	8.15	7.65	7.15	6.65	6.15	5.65	5.15	4.65
8 800	11.27	10.77	10.27	9.77	9.27	8.77	8.27	7.77	7.27	6.77	6.27	5.77	5.27	4.77
9 000	11.38	10.88	10.38	9.88	9.38	8.88	8.38	7.88	7.38	6.88	6.38	5.88	5.38	4.88
9 200	11.51	11.01	10.51	10.01	9.51	9.01	8.51	8.01	7.51	7.01	6.51	6.01	5.51	5.01
9 400	11.63	11.13	10.63	10.13	9.63	9.13	8.63	8.13	7.63	7.13	6.63	6.13	5.63	5.13
9 500	11.70	11.20	10.70	10.20	9.70	9.20	8.70	8.20	7.70	7.20	6.70	6.20	5.70	5.20
9 600	11.76	11.26	10.76	10.26	9.76	9.26	8.76	8.26	7.76	7.26	6.76	6.26	5.76	5.26
9 800	11.89	11.39	10.89	10.39	9.89	9.39	8.89	8.39	7.89	7.39	6.89	6.39	5.89	5.39
10 000	12.02	11.52	11.02	10.52	10.02	9.52	9.02	8.52	8.02	7.52	7.02	6.52	6.02	5.52
10 200	12.15	11.65	11.15	10.65	10.15	9.65	9.15	8.65	8.15	7.65	7.15	6.65	6.15	5.65
10 400	12.28	11.78	11.28	10.78	10.28	9.78	9.28	8.78	8.28	7.78	7.28	6.78	6.28	5.78
10 500	12.34	11.84	11.34	10.84	10.34	9.84	9.34	8.84	8.34	7.84	7.34	6.84	6.34	5.84
10 600	12.41	11.91	11.41	10.91	10.41	9.91	9.41	8.91	8.41	7.91	7.41	6.91	6.41	5.91
10 800	12.53	12.03	11.53	11.03	10.53	10.03	9.53	9.03	8.53	8.03	7.53	7.03	6.53	6.03
11 000	12.66	12.16	11.66	11.16	10.66	10.16	9.66	9.16	8.66	8.16	7.66	7.16	6.66	6.16
11 200	12.79	12.29	11.79	11.29	10.79	10.29	9.79	9.29	8.79	8.29	7.79	7.29	6.79	6.29
11 400	12.92	12.42	11.92	11.42	10.92	10.42	9.92	9.42	8.92	8.42	7.92	7.42	6.92	6.42
11 500	12.99	12.49	11.99	11.49	10.99	10.49	9.99	9.49	8.99	8.49	7.99	7.49	6.99	6.49
11 600	13.06	12.56	12.06	11.56	11.06	10.56	10.06	9.56	9.06	8.56	8.06	7.56	7.06	6.56
11 800	13.19	12.69	12.19	11.69	11.19	10.69	10.19	9.69	9.19	8.69	8.19	7.69	7.19	6.69
12 000	13.33	12.83	12.33	11.83	11.33	10.83	10.33	9.83	9.33	8.83	8.33	7.83	7.33	6.83

注:表 7.13 和表 7.14 中:流量的单位为 m³/h,为 3 台泵的总流量;水位的单位为 m,是取水头部水位的黄海标高;管路损失的单位为 m,此损失即所需要的泵的扬程。

表 7.15　取水泵站 2 台泵单路运行时运行工况谱　　　　　m

流量/(m³/h)	水位/m													
	0.5	1	1.5	2	2.5	3	3.5	4	4.5	5	5.5	6	6.5	7
4 000	10.06	9.56	9.06	8.56	8.06	7.56	7.06	6.56	6.06	5.56	5.06	4.56	4.06	3.56
4 500	10.37	9.87	9.37	8.87	8.37	7.87	7.37	6.87	6.37	5.87	5.37	4.87	4.37	3.87
5 000	10.75	10.25	9.75	9.25	8.75	8.25	7.75	7.25	6.75	6.25	5.75	5.25	4.75	4.25
5 500	11.16	10.66	10.16	9.66	9.16	8.66	8.16	7.66	7.16	6.66	6.16	5.66	5.16	4.66
5 800	11.38	10.88	10.38	9.88	9.38	8.88	8.38	7.88	7.38	6.88	6.38	5.88	5.38	4.88
6 000	11.50	11.00	10.50	10.00	9.50	9.00	8.50	8.00	7.50	7.00	6.50	6.00	5.50	5.00
6 200	11.60	11.10	10.60	10.10	9.60	9.10	8.60	8.10	7.60	7.10	6.60	6.10	5.60	5.10
6 500	11.79	11.29	10.79	10.29	9.79	9.29	8.79	8.29	7.79	7.29	6.79	6.29	5.79	5.29
7 000	12.24	11.74	11.24	10.74	10.24	9.74	9.24	8.74	8.24	7.74	7.24	6.74	6.24	5.74
7 200	12.42	11.92	11.42	10.92	10.42	9.92	9.42	8.92	8.42	7.92	7.42	6.92	6.42	5.92
7 500	12.68	12.18	11.68	11.18	10.68	10.18	9.68	9.18	8.68	8.18	7.68	7.18	6.68	6.18
7 800	12.92	12.42	11.92	11.42	10.92	10.42	9.92	9.42	8.92	8.42	7.92	7.42	6.92	6.42
8 000	13.08	12.58	12.08	11.58	11.08	10.58	10.08	9.58	9.08	8.58	8.08	7.58	7.08	6.58
8 200	13.25	12.75	12.25	11.75	11.25	10.75	10.25	9.75	9.25	8.75	8.25	7.75	7.25	6.75
8 400	13.42	12.92	12.42	11.92	11.42	10.92	10.42	9.92	9.42	8.92	8.42	7.92	7.42	6.92
9 000	14.00	13.50	13.00	12.50	12.00	11.50	11.00	10.50	10.00	9.50	9.00	8.50	8.00	7.50

表 7.16　取水泵站 2 台泵双路运行时运行工况谱　　　　　m

流量/(m³/h)	水位/m													
	0.5	1	1.5	2	2.5	3	3.5	4	4.5	5	5.5	6	6.5	7
4 000	9.18	8.68	8.18	7.68	7.18	6.68	6.18	5.68	5.18	4.68	4.18	3.68	3.18	2.68
4 500	9.41	8.91	8.41	7.91	7.41	6.91	6.41	5.91	5.41	4.91	4.41	3.91	3.41	2.91
5 000	9.66	9.16	8.66	8.16	7.66	7.16	6.66	6.16	5.66	5.16	4.66	4.16	3.66	3.16
5 500	9.93	9.43	8.93	8.43	7.93	7.43	6.93	6.43	5.93	5.43	4.93	4.43	3.93	3.43
5 800	10.08	9.58	9.08	8.58	8.08	7.58	7.08	6.58	6.08	5.58	5.08	4.58	4.08	3.58
6 000	10.17	9.67	9.17	8.67	8.17	7.67	7.17	6.67	6.17	5.67	5.17	4.67	4.17	3.67
6 200	10.25	9.75	9.25	8.75	8.25	7.75	7.25	6.75	6.25	5.75	5.25	4.75	4.25	3.75
6 500	10.39	9.89	9.39	8.89	8.39	7.89	7.39	6.89	6.39	5.89	5.39	4.89	4.39	3.89
7 000	10.69	10.19	9.69	9.19	8.69	8.19	7.69	7.19	6.69	6.19	5.69	5.19	4.69	4.19
7 200	10.82	10.32	9.82	9.32	8.82	8.32	7.82	7.32	6.82	6.32	5.82	5.32	4.82	4.32

流量/ (m³/h)	水位/m												
	0.5	1	1.5	2	2.5	3	3.5	4	4.5	5	5.5	6	6.5	7
7 500	11.00	10.50	10.00	9.50	9.00	8.50	8.00	7.50	7.00	6.50	6.00	5.50	5.00	4.50
7 800	11.18	10.68	10.18	9.68	9.18	8.68	8.18	7.68	7.18	6.68	6.18	5.68	5.18	4.68
8 200	11.43	10.93	10.43	9.93	9.43	8.93	8.43	7.93	7.43	6.93	6.43	5.93	5.43	4.93
8 400	11.55	11.05	10.55	10.05	9.55	9.05	8.55	8.05	7.55	7.05	6.55	6.05	5.55	5.05
9 000	11.96	11.46	10.96	10.46	9.96	9.46	8.96	8.46	7.96	7.46	6.96	6.46	5.96	5.46

注:表 7.15 和表 7.16 中:流量单位为 m³/h,为 2 台泵的总流量;水位的单位为 m,是取水头部水位的黄海标高;管路损失的单位为 m,此损失即所需要的泵的扬程。

7.2.4 改造方案设计

由制水表分析可知,泵站运行 2 台泵的情况较多。由表 7.16 可以得出,改造后额定水位为 3.5 ~ 4.5 m,单泵供水量不低于 3 000 m³/h 时,2 台泵运行情况下,水泵扬程应不低于 8.5 m,若考虑到理论计算偏差,水泵扬程应增加 10% 裕量;单泵运行在 3 000 m³/h 时,水泵扬程不低于 9 m。若综合考虑 3 台泵并联运行的经济性,同时单泵供水量不低于 2 900 m³/h 时,泵仍能满足高效运行的要求则水泵应运行在 3 000 m³/h,扬程约为 10 m。

(1)改造方案 1:对叶轮进行切割

出于成本的考虑,可以根据切割定律对泵的叶轮外径进行切割,使泵运行在高效范围内。如果对叶轮进行切割,需保证相同流量的同时,应使扬程下降 3 m,计算过程如下:

$$D_2' = D_2 \times \sqrt{\frac{H'}{H}} = 630 \text{ mm} \times \sqrt{\frac{12}{15}} = 563.5 \text{ mm}.$$

式中:D_2' 为切割后的叶轮直径;D_2 为切割前的叶轮直径;H' 为切割后的泵扬程;H 为切割前的泵扬程。

切割百分比为

$$\eta = 1 - \frac{D_2'}{D_2} = 1 - \frac{563.5 \text{ mm}}{630 \text{ mm}} = 10.56\%$$

根据规定,最大允许切割量如表 7.17 所示。

表 7.17 最大允许切割量

比转数 n_s	60	120	200	300	500
切割百分比	0.2	0.15	0.11	0.09	0.07

此泵的比转数为 254,由表 7.17 可知,最大允许切割量约为 10%,改造方案 1 中对此泵的切割已经超过最大允许切割量,在理论上不允许切割。同时,原泵的效率已下降至 73% 左右,切割后效率将下降得更加严重,预计将低于 70%,因此不建议切割叶轮。

(2) 改造方案 2:重新设计泵

对管网系统进行分析,由现场运行状况采集表可以得到各段的管路损失,见表 7.18。

表 7.18   各段管路损失分析

水位/m	流量/(m³/h)	进口段损失/m	出口至汇流管损失/m	汇流管至进厂损失/m	进厂至叠合池损失/m
6.3	8 600	0.8	0.19	3.8	1.1
6.9	6 200	0.9	0.11	2.6	0.53

由表 7.18 可以看出,管路的主要损失在汇流段至水厂这一部分,由于此部分的管路已经深埋底下,对此部分管路进行优化与改造的成本巨大,且费时费力,因而该管路部分保留,重新设计整泵或叶轮,使其和当前管路系统相匹配。预设计泵的高效区预估见表 7.19。

表 7.19   预设计泵的高效区预估

流量/(m³/h)	扬程/m	效率/%
2 600	11.57	86.3
3 000	10.00	88.7
3 300	8.55	86.7

通过对此泵与管路进行匹配预测,在不同水位下,将泵特性曲线与管路损失曲线绘制在同一张表内,求出两曲线的交点,此交点即泵在此系统中的工况点,并可以得到表 7.20 和表 7.21。

表 7.20 3台泵单路同时运行的预测数据

水位/m	1.5	2	2.5	3	3.5	4	4.5	5	5.5	6	6.5
总流量/(m³/h)	8 331.9	8 636.2	8 886.6	9 142.0	9 397.3	9 611.8	9 825.3	10 030.1	10 232.4	10 436.2	10 641.0
单泵流量/(m³/h)	2 777.3	2 878.7	2 962.2	3 047.3	3 132.4	3 203.9	3 275.1	3 343.4	3 410.8	3 478.7	3 547.0
扬程/m	11.86	11.60	11.29	11.01	10.74	10.44	10.15	9.84	9.53	9.21	8.90
效率/%	88.60	88.43	87.60	86.80	86.04	85.40	84.77	84.16	83.55	82.95	82.34

表 7.21 3台泵双路同时运行时的预测数据

水位/m	1.5	2	2.5	3	3.5	4	4.5	5	5.5	6	6.5
总流量/(m³/h)	9 452.6	9 698.3	9 939.8	10 168.0	10 396.7	10 625.7	10 854.6	11 083.0	11 310.5	11 537.0	11 761.7
单泵流量/(m³/h)	3 150.9	3 232.8	3 313.3	3 389.3	3 465.6	3 541.9	3 618.2	3 694.3	3 770.2	3 845.7	3 920.6
扬程/m	10.67	10.32	9.98	9.63	9.28	8.92	8.57	8.21	7.86	7.51	7.17
效率/%	85.87	85.14	84.43	83.75	83.07	82.38	81.70	81.02	80.35	79.67	79.01

7.2.5 实施效果

在实施后,对水位范围为 2.5～3.5 m 的水泵运行情况进行检测,此时 3 台泵共同运行,单泵运行流量范围为 2 900～3 200 m³/h,此时运行在高效区,运行效率为 86％左右(见表 7.22),符合实际运行需求。

表 7.22　3 台泵单路运行对比

水位/m	2.5	3	3.5
总流量/(m³/h)	8 900	9 142.0	9 397.3
单泵流量/(m³/h)	2 960	3 047.3	3 132.4
扬程/m	11.29	11.01	10.74
效率/%	87.60	86.80	86.04

目前,用电每千瓦时均价为 0.6 元,改造后平均水位在黄河标高 4 m 处,则一台单泵每小时可节约 40 kW·h,即 24 元;若单泵运行时长为 8 500 h,则一年可节约电费约 20 万元,而配置设计一台单泵约花费 15 万元(后续泵价格约 10 万元),因此不到一年即可收回成本。

参考文献

［1］Abdelaziz E A，Saidur R，Mekhilef S. A review on energy saving strategies in industrial sector［J］. Renewable and Sustainable Energy Reviews，2011，15(1)：150－168.

［2］U. S. Energy Information Administration. International energy outlook 2020［EB/OL］.(2020－10－14)［2020－12－1］. https：//www. eia. gov/outlooks/ieo/.

［3］Hydraulic institute. Pump life cycle costs：A guide to LCC analysis for pumping systems［M］. Parsippany New Jersey：［s. n. ］，2001.

［4］Waide P，Brunner C U. Energy-efficiency policy opportunities for electric motor-driven systems［M］. 2011.

［5］Patterson M G. What is energy efficiency？—Concepts，indicators and methodological issues［J］. Energy Policy，1996，24(5)：377－390.

［6］王朝晖,耿光辉,宋生奎.泵节能的探讨［J］.中外能源,2006,11(5)：73－76.

［7］邱明杰.离心泵节能技术工作的改进措施［J］.排灌机械,2007,25(5)：65－68.

［8］Bloch H P，Geitner F K. An introduction to machinery reliability assessment［M］. Texas：Gulf Publishing Co. ，1994.

［9］Erickson R B，Sabini E P，Stavale A E. Hydraulic selection to minimize the unscheduled maintenance portion of life cycle cost［C］. Pump users International Forum 2000，Karlsruhe，Germany，2000.

［10］Stavale A E. Reducing reliability incidents and improving meantime between repairs［C］. Proceedings of the Twenty-Fourth International Pump Users Symposium，Texas，USA，2008.

［11］Shiels S. Centrifugal pump academy：The risks of parallel operation［J］. World Pumps，1997，1997(364)：34－37.

［12］骆寅.水泵系统变压运行机理及节能控制策略研究［D］.镇江:江苏大学,2009.

［13］夏东伟.水工业系统变速泵站优化控制与配置研究［D］.济南:山东大学,2005.

［14］侯金霞.给水管网系统节能技术研究和应用［D］.上海:同济大学,2009.

［15］Karmeli D.Design of optimal distribution network［J］.Journal of pipeline,1968,94(1):1－10.

［16］Gupta I,Assan M C.Linear programming analysis of a water supply system with multiple supply points［J］.Trans.Amer.Inst.Eng.,1972,11:200－204.

［17］Graemec,Simpson A,Murphy I.An improved genetic algorithms for pipe network optimization［J］.Water Resource Research,1998,32(2):449－458.

［18］Dandy G,Mengel H.Optimal scheduling of water pipe replacement using genetic algorithms［J］.Journal of Water Resources Planning and Management,ASCE,2001,108(7):214－222.

［19］李铁.基于变频调速在泵站控制系统中的应用［D］.兰州:兰州理工大学,2006.

［20］王柏林,李训铭.变频调速泵供水系统分析［J］.河海大学学报,1995(2):104－106.

［21］何政斌,金海城,周炳强,等.变频调速变压变流量供水设备的研制及运行效果分析［J］.给水排水,1998,24(10):59－63.

［22］王伟,李祖才,秦泗新.变频调速恒(变)压供水系统［J］.自动化技术与应用,2000(2):26－33.

［23］吴楚辉.PXW9智能控制器在变频恒压、变压供水系统中的应用［J］.电工技术,2000(3):40－41.

［24］黄治钟.空调冷冻水系统水泵变频控制的问题讨论［J］.能源工程,2001(6):30－33.

［25］王乐勤,王循明.离心泵变频调速变压供水系统设计模型及求解［J］.流体机械,2003(9):15－17.

［26］Hickock H N.Adjustable speed-A tool for saving energy losses in pumps,fans blowers and compressors［J］.IEEE Transactions on Industry Applications,1982,70(2):339－342.

［27］ Pottebaum J R. Optical characteristics of a variable-frequency centrifugal pump motor drive ［J］. IEEE Transactions on Industry Applications，1984,20(1):451－456.

［28］ Coulbeck B，Orr C H. Real-time optimized control of water distribution system ［C］. The 88th Control International Conference，1988.

［29］ Aijun A，Christine C. Applying knowledge discovery to predict water-supply consumption[J]. IEEE Transactions on Intelligent Systems and Their Applications,1997,12(4):72－78.

［30］ Inmaculada P C,Juan C G. Optimal design of pumping stations of inland intensive fish farms［J］. Aquacultural Engineering，2006，35（3）: 283－291.

［31］ Bortoni E C,Almeida R A. Optimization of parallel variable-speed-driven centrifugal pump operation[J]. Energy Efficiency,2008(1):167－173.

［32］ Ulanicki B，AbdelMeguid H，Bounds P，et al. Pressure control in district metering areas with boundary and internal pressure reducing valves ［C］. Proceedings of the 10th Annual Water Distribution Systems Analysis Conference WDSA2008，Kruger National Park，South Africa,2008.

［33］ Jowitt P，Germanopoulos G. Optimal scheduling in water-supply networks ［J］. Journal of Water Resources Planning and Management, ASCE,1992,118(4):406－422.

［34］ Jones G M，Sanks R L. Pumping Station Design［M］. 3rd ed. Amsterdam: Elsevier Ltd. ，2008.

［35］ Yung-Husin Sun,W G William. Generalized network algorithm for water supply system optimization ［J］. Journal of Water Resources Planning and Management,ASCE,1995,121(5):392－398.

［36］ Homeongs C,Sastri T. Adaptive forecasting of hourly municipal water consumption ［J］. Journal of Water Resources Planning and Management，ASCE，1994,120(6):888－904.

［37］ Peric N,Ban Z. Mathematic model of a fresh water supply plant ［C］. Proceedings of 41st KoREMA Annual Conference，Opatija，Hrvatska, 1996.

［38］ Sebri M. Forecasting urban water demand: A meta-regression analysis[J]. Journal of Environmental Management，2016，183: 777－785.

［39］ Peric N，Petrovic I，Magzan A. Modelling and control of water supply systems[J]. IFAC Proceedings Volumes，1998，31(20)：543－548.

[40] Boris A，Nedhekhko P. Predictive control of water supply plant [C]. Proceedings of 9th IEEE International Conference on Electronics，Circuits and Systems，Dubrovnik，Croatia，2002.

[41] Sychta L. System for optimizing pump station control [J]. World Pumps，2004，2004(449)：45－48.

[42] Chan D T W，Li W J. Design and implementation of a variable frequency regulatory system for water supply [C]. Proceedings of the 31st Intersociety Energy Conversion Engineering Conference，Washington，United States，1996.

[43] Gunhui C. Water supply system management design and optimization under uncertainty[D]. Arizona：Arizona University，2007.

[44] 刘超. 泵站经济运行[M]. 北京：水利电力出版社，1994.

[45] 周鹏. 供水优化调度系统的研究与应用[D]. 长沙：中南大学，2008.

[46] Zhang C H，Li H B，Zhong M Y. The modeling and optimal scheduling for pressure and flow varying parallel-connected pump systems [J]. Dynamics of Continuous Discrete and Impulsive Systems Series B，Application ＆ Algorithms，2004，11：757－770.

[47] Yu T C，Zhang T Q，Li X. Optimal operation of water supply systems with tanks based on genetic algorithm [J]. Journal of Zhejiang University Science，2005，6A(8)：886－893.

[48] Cohen G. Optimal control of water supply networks in：optimization and control of dynamic operational research models [M]. UNESCO Monograph：Unesco-Reidel publishing company co-edition，1984.

[49] Mays L W. Water distribution systems handbook[M]. New York：McGraw-Hill，2000.

[50] Ormsbee L E，Lansey K E. Optimal control of water supply pumping systems [J]. Journal of Water Resources Planning and Management，ASCE，1994，120(2)：237－252.

[51] Lansey K E，Awumah K. Optimal pump operations considering pump switches[J]. Journal of Water Resources Planning and Management，ASCE，1994，120(1)：17－35.

[52] Alfayez L D，Mba D. Detection of incipient cavitation and determination of the best efficiency point for centrifugal pumps using

acoustic emission［J］. Proceedings of the Institution of Mechanical Engineers，Part E：Journal of Process Mechanical Engineering，2005，219 （4）：327－344.

［53］Alfayez L D，Mba D，Dyson G. The application of acoustic emission for detecting incipient cavitation and the best efficiency point of a 60 kW centrifugal pump：case study［J］. NDT ＆ E International，2005,38 （5）：354－358.

［54］冯涛. 离心泵流动噪声的测量研究［D］. 北京：中国科学院声学研究所，2005.

［55］Zunac R，Magzan A，Peric N，et al. Design of a fresh water supply-control system［C］. Proceedigs of KoREMA′96 41′st Annual Conference，Opatija，Croatia,1996.

［56］周恒琦. 变频调速恒压供水控制系统［J］. 有色冶金节能，2000(5)：42－44.

［57］Man K F，Yung W K,Chow T S. Adaptive control strategy for a water supply system［C］. Third International Conference on Software Engineering for Real Time Systems，Cirencester，England，1991.

［58］Georges D. Decentralized adaptive control for a water distribution system［C］. Proceedings of the Third IEEE Conference on Control Applications，Lake Buena Vista，FL，USA，1994.

［59］Elbelkacemi M,Lachhab A,Limouri M，et al. Adaptive control of a water supply system［J］. Control Engineering Practice，2001，9（3）：343－349.

［60］邵明东. 自适应控制在供水系统中的应用研究［D］. 北京：北京工业大学，2004.

［61］谭延良，郭怡倩. 一种新型模糊 PID 控制的变频恒压供水系统［J］. 排灌机械，2001,19(5)：35－38.

［62］Layne J R,Passino K M. Fuzzy model reference learning control for cargo ship steering［J］. IEEE Control Systems Magazine,1993,13(6)：23－34.

［63］Wang L X. Universal approximation by hierarchical fuzzy systems ［J］. Fuzzy Sets and Systems,1998,93(2)：223－230.

［64］张承慧，裴荣辉，石庆升，等. 城市变频调速给水泵站的优化配置 ［J］. 山东大学学报（工学版），2007,37(2)：97－102.

［65］戚兰英，戴昆，蒋瑞，等. 惠南庄泵站水泵调速运行的合理性分析

[J].水利水电技术,2009,40(7):70-75.

[66] 樊建军,何芳,魏晓安.调速水泵的优化配置与运行[J].广州大学学报(自然科学版),2004,3(5):452-454.

[67] 黄秉政.变频调速泵特性与节能的探讨[J].给水排水,2007,33(增刊):28-30.

[68] 吴建华,贾贺民,郑怀山.水泵优化配置的研究[J].排灌机械,1997(1):5-6.

[69] 赵坤.基于不同机组并联组合特性的取水泵站优化配置与运行的研究[D].镇江:江苏大学,2010.

[70] Larralde E, Ocampo R. Centrifugal pump selection process[J]. World Pump, 2010(2): 24-28.

[71] Kularni H, Lalwani A, Deolankar S B. Selection of appropriated pumping systems for bore wells in the decan basalt of India [J]. Hydrogeology Journal, 1997, 5(3):75-81.

[72] Zhang H, Xia X H, Zhang J F. Optimal sizing and operation of pumping systems to achieve energy efficiency and load shifting[J]. Electric Power Systems Research, 2012, 86(5): 41-50.

[73] Tolvanen J. Life cycle energy cost savings through careful system design and pump selection[J]. World Pumps, 2007, 2007(490): 34-37.

[74] Larralde E, Ocampo R. Pump selection: a real example [J]. World Pumps, 2010, 2010(3):28-33.

[75] Vogelesang H. Pump choice to optimize energy consumption[J]. World Pump, 2008, 2008(507):20-24.

[76] Moreno M A, Planells P, Córcoles J I, et al. Development of a new methodology to obtain the characteristic pump curves that minimize the total cost at pumping stations[J]. Biosystems Engineering, 2009, 102(1): 95-105.

[77] Planells P, Carrión P A, Ortega J F, et al. Pumping selection and regulation for water distribution networks[J]. Journal of Irrigation and Drainage Engineering, 2005, 131(3): 273-281.

[78] 袁寿其,施卫东,刘厚林,等.泵理论与技术[M].北京:机械工业出版社,2014.

[79] Gülich F J. Centrifugal Pumps[M]. Berlin: Springer, 2007.

[80] 陆肇达.泵与风机系统的能量学和经济性分析[M].北京:国防工业

出版社,2009.

[81] Luo Y, Yuan S, Tang Y, et al. Research on the energy consumption evaluation and energy saving technical reconstruction of centrifugal pump system based on actual demand [J]. Advances in Mechanical Engineering, 2013, 5:423107.

[82] Tang Y, Zhao K. Optimal pump station operation based on the single variable-frequency speed regulation [C]. Proceedings of ASME 2010 3rd Joint US-European Fluids Engineering, Montreal, Canada, 2010.

[83] 汤跃,秦武轩,袁寿其. 基于变工况运行的泵能耗指标计算方法 [J]. 农业工程学报,2009,25(3):46-49.

[84] 汤跃,黄志攀,汤玲迪,等. 基于 LabView 的离心泵闭环恒压控制 特性试验[J]. 农业机械学报,2013,44(3):59-63.

[85] 付祥钊,王岳人,王元.流体输配管网[M].北京:中国建筑工业出版 社,2001.

[86] Luo Y, Yuan S, Tang Y, et al. Modeling optimal scheduling for pumping system to minimize operation cost and enhance operation reliability [J]. Journal of Applied Mathematics, 2012, 2012:295-305.

[87] Luo Y, Yuan S, Yuan J, et al. Research on characteristic of the vibration spectral entropy for centrifugal pump[J]. Advances in Mechanical Engineering, 2014, 2014(6):1-9.

[88] 倪永燕.离心泵非定常湍流场计算及流体诱导振动研究[D].镇江: 江苏大学,2008.

[89] Robert X, Perez P E. Operating centrifugal pumps off-design-pumps & systems 20 suggestions for a new analysis method operating centrifugal pumps[EB/OL]. (2005-04-06). www. pump-zone. com/ articles/2. pdf.

[90] American Petroleum Institute. Centrifugal pumps for petroleum heavy duty chemical and gas industry services: API Standard 610[S].

[91] 常近时.水力机械装置过渡过程[M].北京:高等教育出版社,2005.

[92] 陈乃祥.水利水电工程的水力瞬变仿真与控制[M].北京:中国水利 水电出版社,2004.

[93] 陈坚.交流电机数学模型及调速系统[M].北京:国防工业出版 社,1989.

[94] 彭鞍虹.通用变频器异步电动机的传递函数[J].鞍山钢铁学院学

报,2000,23（6）:447－449.

［95］ Meng R，Tang L，Tang Y，et al. Model identification of centrifugal pump water supply system［J］. International Journal of Modelling Identification & Control，2015，23(2):148.

［96］汤跃，张新鹏，黄志攀，等. 离心泵变压供水系统控制模型辨识的试验研究［J］. 农业工程学报，2012，28(7):189－193.

［97］Luo Y，Yuan S，Sun H，et al. Energy-saving control model of inverter for centrifugal pump systems［J］. Advances in Mechanical Engineering，2015，7(7): 1－2.

［98］Tang Y，Zhao K，Yuan S，et al. Optimal pump station operation based on the single variable-frequency speed regulation［C］. ASME 2010 3rd Joint US-European Fluids Engineering Summer Meeting，Montreal，Quebec，Canada，2010.

［99］汤跃，许燕飞. 基于供需平衡策略的排污泵节能改造［J］. 农业工程学报，2009，25(4):113－117.

［100］Luo Y，Sun H，Yu Z H. Experimental on energy-saving strategy of the pump system based on the law of the flow variation［J］. Energy Education Science and Technology，Part A Energy Science and Research，2014，32(5):3007－3016.

［101］梅星薪，汤玲迪，汤跃. Flowmaster 在空调冷水系统水力平衡中的应用［J］. 暖通空调，2014,44(04):92－95.

［102］顾祖坤，袁建平，骆寅，等. 泵系统电动机效率的测量方法［J］. 排灌机械工程学报，2019，37(6): 486－490.

［103］石洋，袁建平，骆寅，等. 基于 MCSA 的离心泵转速测量与试验研究［J］. 排灌机械工程学报，2017,35(11): 927－932.

［104］石洋. 基于无线传感器网络的泵在线能耗分析系统的研发［D］. 镇江：江苏大学,2017.

附　录

附表 1　水的密度 ρ

kg/m³

温度/℃	绝对压力/(10^5 Pa)															
	1.0	10.0	20.0	30.0	40.0	50.0	60.0	70.0	80.0	90.0	100.0	110.0	120.0	130.0	140.0	150.0
0	999.8	1 000.3	1 000.8	1 001.3	1 001.8	1 002.3	1 002.8	1 003.3	1 003.8	1 004.3	1 004.8	1 005.3	1 005.8	1 006.3	1 006.8	1 007.3
1	999.9	1 000.4	1 000.9	1 001.4	1 001.9	1 002.4	1 002.9	1 003.4	1 003.9	1 004.3	1 004.8	1 005.3	1 005.8	1 006.3	1 006.8	1 007.3
2	1 000.0	1 000.4	1 000.9	1 001.4	1 001.9	1 002.4	1 002.9	1 003.4	1 003.9	1 004.4	1 004.8	1 005.3	1 005.8	1 006.3	1 006.8	1 007.3
3	1 000.0	1 000.4	1 000.9	1 001.4	1 001.9	1 002.4	1 002.9	1 003.4	1 003.9	1 004.4	1 004.8	1 005.3	1 005.8	1 006.3	1 006.8	1 007.3
4	1 000.0	1 000.4	1 000.9	1 001.4	1 001.9	1 002.4	1 002.9	1 003.4	1 003.8	1 004.3	1 004.8	1 005.3	1 005.8	1 006.3	1 006.8	1 007.2
5	999.9	1 000.4	1 000.9	1 001.4	1 001.8	1 002.3	1 002.8	1 003.3	1 003.8	1 004.3	1 004.8	1 005.3	1 005.7	1 006.2	1 006.7	1 007.2
6	999.9	1 000.4	1 000.9	1 001.4	1 001.8	1 002.3	1 002.8	1 003.3	1 003.8	1 004.2	1 004.7	1 005.2	1 005.7	1 006.2	1 006.6	1 007.1
7	999.9	1 000.3	1 000.8	1 001.3	1 001.8	1 002.3	1 002.7	1 003.2	1 003.7	1 004.2	1 004.7	1 005.1	1 005.6	1 006.1	1 006.5	1 007.0
8	999.9	1 000.3	1 000.8	1 001.2	1 001.7	1 002.2	1 002.7	1 003.2	1 003.6	1 004.1	1 004.6	1 005.0	1 005.5	1 006.0	1 006.5	1 006.9
9	999.8	1 000.2	1 000.7	1 001.2	1 001.6	1 002.1	1 002.6	1 003.1	1 003.5	1 004.0	1 004.5	1 005.0	1 005.4	1 005.9	1 006.4	1 006.8
10	999.7	1 000.1	1 000.6	1 001.1	1 001.6	1 002.0	1 002.5	1 003.0	1 003.4	1 003.9	1 004.4	1 004.8	1 005.3	1 005.8	1 006.2	1 006.7
11	999.6	1 000.0	1 000.5	1 001.0	1 001.4	1 001.9	1 002.4	1 002.9	1 003.3	1 003.8	1 004.3	1 004.7	1 005.2	1 005.6	1 006.1	1 006.6
12	999.5	999.9	1 000.4	1 000.9	1 000.3	1 001.8	1 002.3	1 002.7	1 003.2	1 003.7	1 004.1	1 004.6	1 005.0	1 005.5	1 006.0	1 006.4
13	999.4	999.8	1 000.3	1 000.7	1 000.2	1 001.7	1 002.1	1 002.6	1 003.1	1 003.5	1 004.0	1 004.4	1 004.9	1 005.4	1 005.8	1 006.3

续表

温度/℃	绝对压力/(10⁵ Pa)															
	1.0	10.0	20.0	30.0	40.0	50.0	60.0	70.0	80.0	90.0	100.0	110.0	120.0	130.0	140.0	150.0
14	999.2	999.7	1 000.1	1 000.6	1 001.1	1 001.5	1 002.0	1 002.4	1 002.9	1 003.4	1 003.8	1 004.3	1 004.7	1 005.2	1 005.7	1 006.1
15	999.1	999.5	1 000.0	1 000.4	1 000.9	1 001.4	1 001.8	1 002.3	1 002.7	1 003.2	1 003.7	1 004.1	1 004.6	1 005.0	1 005.5	1 005.9
16	998.9	999.4	999.8	1 000.3	1 000.7	1 001.2	1 001.7	1 002.1	1 002.6	1 003.0	1 003.5	1 003.9	1 004.4	1 004.8	1 005.3	1 005.8
17	998.8	999.2	999.6	1 000.1	1 000.6	1 001.0	1 001.5	1 001.9	1 002.4	1 002.8	1 003.3	1 003.8	1 004.2	1 004.7	1 005.1	1 005.6
18	998.6	999.0	999.5	999.9	1 000.4	1 000.8	1 001.3	1 001.7	1 002.2	1 002.7	1 003.1	1 003.6	1 004.0	1 004.5	1 004.9	1 005.4
19	998.4	998.8	999.3	999.7	1 000.2	1 000.6	1 001.1	1 001.5	1 002.0	1 002.4	1 002.9	1 003.3	1 003.8	1 004.2	1 004.7	1 005.1
20	998.2	998.6	999.1	999.5	1 000.0	1 000.4	1 000.9	1 001.3	1 001.8	1 002.2	1 002.7	1 003.1	1 003.6	1 004.0	1 004.5	1 004.9
21	998.0	998.4	998.9	999.3	999.8	1 000.2	1 000.7	1 001.1	1 001.6	1 002.0	1 002.5	1 002.9	1 003.3	1 003.8	1 004.2	1 004.7
22	997.8	998.2	998.6	999.1	999.5	1 000.0	1 000.4	1 000.9	1 001.3	1 001.8	1 002.2	1 002.7	1 003.1	1 003.5	1 004.0	1 004.4
23	997.5	997.9	998.4	998.8	999.3	999.7	1 000.2	1 000.6	1 001.1	1 001.5	1 002.0	1 002.4	1 002.9	1 003.3	1 003.7	1 004.2
24	997.3	997.7	998.1	998.6	999.0	999.5	999.9	1 000.4	1 000.8	1 001.3	1 001.7	1 002.2	1 002.6	1 003.0	1 003.5	1 003.9
25	997.0	997.4	997.9	998.3	998.8	999.2	999.7	1 000.1	1 000.6	1 001.0	1 001.5	1 001.9	1 002.3	1 002.8	1 003.2	1 003.7
26	996.8	997.2	997.6	998.1	998.5	999.0	999.4	999.9	1 000.3	1 000.7	1 001.2	1 001.6	1 002.1	1 002.5	1 002.9	1 003.4
27	996.5	996.9	997.4	997.8	998.3	998.7	999.1	999.6	1 000.0	1 000.5	1 000.9	1 001.3	1 001.8	1 002.2	1 002.7	1 003.1

续表

绝对压力/(10⁵ Pa)

温度/℃	1.0	10.0	20.0	30.0	40.0	50.0	60.0	70.0	80.0	90.0	100.0	110.0	120.0	130.0	140.0	150.0
28	996.2	996.6	997.1	997.5	998.0	998.4	998.9	999.3	999.7	1 000.2	1 000.6	1 001.1	1 001.5	1 001.9	1 002.4	1 002.8
29	995.9	996.3	996.8	997.2	997.7	998.1	998.6	999.0	999.4	999.9	1 000.3	1 000.8	1 001.2	1 001.6	1 002.1	1 002.5
30	995.7	996.1	996.5	996.9	997.4	997.8	998.3	998.7	999.1	999.6	1 000.0	1 000.4	1 000.9	1 001.3	1 001.7	1 002.2
31	995.3	995.7	996.2	996.6	997.1	997.5	997.9	998.4	998.8	999.3	999.7	1 000.1	1 000.6	1 001.0	1 001.4	1 001.9
32	995.0	995.4	995.9	996.3	996.8	997.2	997.6	998.1	998.5	998.9	999.4	999.8	1 000.2	1 000.7	1 001.1	1 001.5
33	994.7	995.1	995.5	996.0	996.4	996.9	997.3	997.7	998.2	998.6	999.0	999.5	999.9	1 000.3	1 000.8	1 001.2
34	994.4	994.8	995.2	995.7	996.1	996.5	997.0	997.4	997.8	998.3	998.7	999.1	999.6	1 000.0	1 000.4	1 000.9
35	994.0	994.4	994.9	995.3	995.8	996.2	996.6	997.1	997.5	997.9	998.4	998.8	999.2	999.7	1 000.1	1 000.5
36	993.7	994.1	994.5	995.0	995.4	995.8	996.3	996.7	997.1	997.6	998.0	998.4	998.9	999.3	999.7	1 000.2
37	993.3	993.7	994.2	994.6	995.0	995.5	995.9	996.3	996.8	997.2	997.7	998.1	998.5	998.9	999.4	999.8
38	993.0	993.4	993.8	994.2	994.7	995.1	995.5	996.0	996.4	996.8	997.3	997.7	998.1	998.6	999.0	999.4
39	992.6	993.0	993.4	993.9	994.3	994.7	995.2	995.6	996.0	996.5	996.9	997.3	997.8	998.2	998.6	999.0
40	992.2	992.6	993.1	993.5	993.9	994.4	994.8	995.2	995.7	996.1	996.5	996.9	997.4	997.8	998.2	998.7

注:中间值可通过线性插值求得。

附表 2　水的等温系数 k

10^{-3} m³/kg

绝对压力/(10^5 Pa)

温度/°C	1.0	10.0	20.0	30.0	40.0	50.0	60.0	70.0	80.0	90.0	100.0	110.0	120.0	130.0	140.0	150.0
0	1.018 4	1.016 9	1.015 3	1.013 7	1.012 1	1.010 5	1.008 9	1.007 4	1.005 8	1.004 3	1.002 7	1.001 2	0.999 7	0.998 2	0.996 8	0.995 3
1	1.0137	1.012 3	1.010 7	1.009 2	1.007 6	1.006 1	1.004 6	1.003 0	1.001 5	1.000 1	0.998 6	0.997 1	0.995 6	0.994 2	0.992 8	0.991 3
2	1.009 1	1.007 7	1.006 2	1.004 7	1.003 2	1.001 7	1.000 3	0.998 8	0.997 3	0.995 9	0.994 5	0.993 0	0.991 6	0.990 2	0.988 8	0.987 5
3	1.004 6	1.003 3	1.001 8	1.000 3	0.998 9	0.997 5	0.996 0	0.994 6	0.993 2	0.991 8	0.990 4	0.989 1	0.987 7	0.986 3	0.985 0	0.983 6
4	1.000 2	0.998 9	0.997 5	0.996 1	0.994 7	0.993 3	0.991 9	0.990 5	0.989 2	0.987 8	0.986 5	0.985 1	0.983 8	0.982 5	0.981 2	0.979 9
5	0.995 8	0.994 6	0.993 2	0.991 8	0.990 5	0.989 1	0.987 8	0.986 5	0.985 2	0.983 9	0.982 6	0.981 3	0.980 0	0.978 7	0.977 4	0.976 2
6	0.991 5	0.990 3	0.989 0	0.987 7	0.986 4	0.985 1	0.983 8	0.982 5	0.981 3	0.980 0	0.978 7	0.977 5	0.976 2	0.975 0	0.973 8	0.972 5
7	0.987 4	0.986 2	0.984 9	0.983 7	0.982 4	0.981 1	0.979 9	0.978 6	0.977 4	0.976 2	0.975 0	0.973 8	0.972 5	0.971 3	0.970 2	0.969 0
8	0.983 3	0.982 1	0.980 9	0.979 7	0.978 5	0.977 2	0.976 0	0.974 8	0.973 6	0.972 5	0.971 3	0.970 1	0.968 9	0.967 8	0.966 6	0.965 5
9	0.979 2	0.978 2	0.977 0	0.975 8	0.974 6	0.973 4	0.972 3	0.971 1	0.969 9	0.968 8	0.967 7	0.966 5	0.965 4	0.964 3	0.963 1	0.962 0
10	0.975 3	0.974 3	0.973 1	0.972 0	0.970 8	0.969 7	0.968 6	0.967 4	0.966 3	0.965 2	0.964 0	0.963 0	0.961 9	0.960 8	0.959 7	0.958 6
11	0.971 5	0.970 5	0.969 4	0.968 3	0.967 1	0.966 0	0.965 0	0.963 9	0.962 8	0.961 7	0.960 6	0.959 6	0.958 5	0.957 4	0.956 4	0.955 3
12	0.967 7	0.966 8	0.965 7	0.964 6	0.963 5	0.962 5	0.961 4	0.960 4	0.959 3	0.958 3	0.957 2	0.956 2	0.955 2	0.954 1	0.953 1	0.952 1
13	0.964 1	0.963 1	0.962 1	0.961 0	0.960 0	0.959 0	0.958 0	0.956 9	0.955 9	0.954 9	0.953 9	0.952 9	0.951 9	0.950 9	0.949 9	0.948 9

续表

温度/℃	绝对压力/(10⁵ Pa)															
	1.0	10.0	20.0	30.0	40.0	50.0	60.0	70.0	80.0	90.0	100.0	110.0	120.0	130.0	140.0	150.0
14	0.960 5	0.959 6	0.958 6	0.957 6	0.956 6	0.955 6	0.954 6	0.953 6	0.952 6	0.951 6	0.950 6	0.949 7	0.948 7	0.947 7	0.946 7	0.945 8
15	0.957 0	0.956 1	0.955 2	0.954 2	0.953 2	0.952 2	0.951 3	0.950 3	0.949 4	0.948 4	0.947 4	0.946 5	0.945 6	0.944 6	0.943 7	0.942 7
16	0.953 6	0.952 8	0.951 8	0.950 9	0.949 9	0.949 0	0.948 1	0.947 1	0.946 2	0.945 3	0.944 3	0.943 4	0.942 5	0.941 6	0.940 7	0.939 8
17	0.950 3	0.949 5	0.948 6	0.947 7	0.946 7	0.945 8	0.944 9	0.944 0	0.943 1	0.942 2	0.941 3	0.940 4	0.939 5	0.938 6	0.937 7	0.936 9
18	0.947 1	0.946 3	0.945 4	0.944 5	0.943 6	0.942 8	0.941 9	0.941 0	0.940 1	0.939 2	0.938 4	0.937 5	0.936 6	0.935 7	0.934 9	0.934 0
19	0.944 0	0.943 2	0.942 4	0.941 5	0.940 6	0.939 8	0.938 9	0.938 0	0.937 2	0.936 3	0.935 5	0.934 6	0.933 4	0.932 9	0.932 1	0.931 3
20	0.941 0	0.940 2	0.939 4	0.938 5	0.937 7	0.936 8	0.936 0	0.935 2	0.934 3	0.933 5	0.932 7	0.938 1	0.931 0	0.930 2	0.920 4	0.928 6
21	0.938 0	0.937 3	0.936 5	0.935 6	0.934 8	0.934 0	0.933 2	0.932 4	0.931 5	0.930 7	0.929 9	0.929 1	0.928 3	0.927 5	0.026 7	0.925 9
22	0.935 4	0.974 4	0.933 7	0.932 8	0.932 0	0.931 2	0.930 4	0.929 6	0.928 8	0.928 0	0.927 2	0.926 4	0.925 6	0.924 8	0.924 0	0.923 3
23	0.932 2	0.931 5	0.930 7	0.929 9	0.929 1	0.928 3	0.927 6	0.926 8	0.926 0	0.925 2	0.924 5	0.943 7	0.922 9	0.922 2	0.921 4	0.920 6
24	0.929 3	0.928 6	0.927 8	0.927 1	0.926 3	0.925 5	0.924 8	0.924 0	0.923 3	0.922 5	0.921 8	0.921 0	0.920 0	0.919 5	0.918 5	0.918 0
25	0.926 4	0.925 7	0.925 0	0.924 2	0.923 5	0.922 8	0.922 0	0.921 3	0.920 6	0.919 8	0.919 1	0.918 1	0.917 6	0.919 6	0.916 2	0.915 5
26	0.923 5	0.922 9	0.922 2	0.921 5	0.920 7	0.920 0	0.919 3	0.918 6	0.917 9	0.917 1	0.916 4	0.915 7	0.915 0	0.914 3	0.913 6	0.912 9
27	0.920 7	0.920 1	0.919 4	0.918 7	0.918 0	0.917 3	0.916 6	0.915 9	0.915 2	0.914 5	0.913 8	0.913 1	0.912 4	0.911 7	0.911 0	0.910 3

续表

温度/℃	绝对压力/(10⁵ Pa)															
	1.0	10.0	20.0	30.0	40.0	50.0	60.0	70.0	80.0	90.0	100.0	110.0	120.0	130.0	140.0	150.0
28	0.917 9	0.917 3	0.916 6	0.915 9	0.915 2	0.914 6	0.913 9	0.913 2	0.912 5	0.911 9	0.911 2	0.910 5	0.909 8	0.909 2	0.908 5	0.907 8
29	0.915 1	0.914 5	0.913 9	0.913 2	0.912 5	0.911 9	0.911 2	0.910 6	0.909 9	0.909 2	0.908 6	0.907 9	0.907 3	0.906 6	0.906 0	0.905 3
30	0.912 4	0.911 8	0.911 1	0.910 5	0.909 9	0.909 2	0.908 6	0.907 9	0.907 3	0.906 6	0.906 0	0.905 4	0.904 7	0.904 1	0.903 4	0.902 8
31	0.909 6	0.909 1	0.908 4	0.907 8	0.907 2	0.906 6	0.905 9	0.905 3	0.904 7	0.904 1	0.903 4	0.902 8	0.902 2	0.901 6	0.901 0	0.900 4
32	0.906 9	0.906 4	0.905 8	0.905 2	0.904 5	0.903 9	0.903 3	0.902 7	0.902 1	0.390 2	0.900 9	0.900 3	0.899 7	0.899 1	0.898 5	0.897 9
33	0.904 2	0.903 7	0.903 1	0.902 5	0.901 9	0.901 3	0.900 7	0.900 2	0.899 6	0.899 0	0.898 4	0.897 8	0.897 2	0.896 6	0.896 0	0.895 5
34	0.901 6	0.901 0	0.900 5	0.899 9	0.899 3	0.898 7	0.898 2	0.897 7	0.897 1	0.896 7	0.896 2	0.895 7	0.895 3	0.894 8	0.894 2	0.893 1
35	0.898 9	0.898 4	0.897 9	0.897 3	0.896 7	0.896 2	0.895 6	0.895 1	0.894 5	0.894 0	0.893 4	0.892 9	0.892 3	0.891 8	0.891 2	0.890 7
36	0.896 3	0.895 8	0.895 3	0.894 7	0.894 2	0.893 7	0.893 1	0.892 6	0.892 0	0.891 5	0.891 0	0.890 4	0.889 9	0.889 4	0.888 8	0.888 3
37	0.893 7	0.893 2	0.892 7	0.892 2	0.891 7	0.891 1	0.890 6	0.890 1	0.889 6	0.889 1	0.888 5	0.888 0	0.887 5	0.887 0	0.887 0	0.885 9
38	0.891 1	0.890 7	0.890 2	0.889 7	0.889 2	0.888 7	0.888 1	0.887 6	0.887 1	0.886 6	0.886 1	0.885 6	0.885 1	0.884 6	0.884 6	0.883 6
39	0.888 6	0.888 1	0.887 7	0.887 2	0.886 7	0.886 2	0.885 6	0.885 2	0.884 7	0.884 2	0.883 7	0.883 2	0.882 8	0.882 3	0.882 3	0.881 3
40	0.886 1	0.885 6	0.885 2	0.884 7	0.884 2	0.883 7	0.883 3	0.882 8	0.882 3	0.881 8	0.881 4	0.880 9	0.880 4	0.880 0	0.880 0	0.879 0

注：中间值可通过线性插值求得。

附表 3　水的平均定压比热 $\bar{C}_p$

J/(kg·K)

绝对压力/(10^5 Pa)

温度/℃	1.0	10.0	20.0	30.0	40.0	50.0	60.0	70.0	80.0	90.0	100.0	110.0	120.0	130.0	140.0	150.0
0	4 207	4 203	4 198	4 193	4 189	4 184	4 180	4 176	4 171	4 167	4 163	4 159	4 154	4 150	4 146	4 142
1	4 206	4 202	4 197	4 193	4 188	4 184	4 180	4 175	4 171	4 167	4 163	4 158	4 154	4 150	4 146	4 142
2	4 205	4 201	4 197	4 192	4 188	4 183	4 179	4 175	4 171	4 167	4 162	4 158	4 154	4 150	4 146	4 143
3	4 204	4 200	4 196	4 191	4 187	4 183	4 179	4 174	4 170	4 166	4 162	4 158	4 154	4 150	4 146	4 143
4	4 203	4 199	4 195	4 191	4 186	4 182	4 178	4 174	4 170	4 166	4 162	4 158	4 154	4 150	4 147	4 143
5	4 202	4 198	4 194	4 190	4 186	4 182	4 177	4 173	4 169	4 166	4 162	4 158	4 154	4 150	4 147	4 143
6	4 201	4 197	4 193	4 189	4 185	4 181	4 177	4 173	4 169	4 165	4 161	4 158	4 154	4 150	4 146	4 143
7	4 200	4 196	4 192	4 188	4 184	4 180	4 176	4 172	4 169	4 165	4 161	4 157	4 154	4 150	4 146	4 143
8	4 199	4 195	4 191	4 187	4 183	4 179	4 175	4 172	4 168	4 164	4 161	4 157	4 153	4 150	4 146	4 143
9	4 197	4 194	4 190	4 186	4 182	4 178	4 175	4 171	4 167	4 164	4 161	4 157	4 153	4 150	4 146	4 143
10	4 196	4 193	4 189	4 185	4 181	4 178	4 174	4 170	4 167	4 163	4 160	4 156	4 153	4 149	4 146	4 142
11	4 195	4 191	4 188	4 184	4 180	4 177	4 173	4 170	4 166	4 163	4 159	4 156	4 152	4 149	4 146	4 142
12	4 194	4 190	4 187	4 183	4 179	4 176	4 172	4 169	4 165	4 162	4 159	4 155	4 152	4 149	4 145	4 142
13	4 192	4 189	4 185	4 182	4 178	4 175	4 171	4 168	4 165	4 161	4 158	4 155	4 151	4 148	4 145	4 142

续表

温度/℃	绝对压力/(10⁵ Pa)															
	1.0	10.0	20.0	30.0	40.0	50.0	60.0	70.0	80.0	90.0	100.0	110.0	120.0	130.0	140.0	150.0
14	4 191	4 188	4 184	4 181	4 177	4 174	4 170	4 167	4 164	4 161	4 157	4 154	4 151	4 148	4 145	4 142
15	4 189	4 186	4 183	4 180	4 176	4 172	4 169	4 166	4 163	4 160	4 157	4 154	4 150	4 147	4 144	4 141
16	4 188	4 185	4 181	4 179	4 175	4 171	4 168	4 165	4 162	4 159	4 156	4 153	4 150	4 147	4 144	4 141
17	4 186	4 183	4 181	4 178	4 174	4 170	4 167	4 164	4 161	4 158	4 155	4 152	4 149	4 146	4 144	4 141
18	4 185	4 182	4 180	4 175	4 172	4 169	4 166	4 163	4 160	4 157	4 154	4 152	4 149	4 146	4 143	4 141
19	4 183	4 180	4 179	4 174	4 171	4 168	4 165	4 162	4 159	4 157	4 154	4 151	4 148	4 145	4 143	4 140
20	4 181	4 179	4 177	4 173	4 170	4 167	4 164	4 161	4 158	4 156	4 153	4 150	4 147	4 145	4 142	4 140
21	4 181	4 179	4 176	4 173	4 170	4 167	4 164	4 161	4 159	4 156	4 153	4 150	4 148	4 145	4 142	4 140
22	4 182	4 179	4 176	4 173	4 170	4 167	4 165	4 162	4 159	4 156	4 153	4 151	4 148	4 145	4 143	4 140
23	4 181	4 179	4 176	4 173	4 170	4 168	4 165	4 162	4 159	4 157	4 154	4 151	4 148	4 146	4 143	4 140
24	4 182	4 179	4 176	4 173	4 171	4 168	4 165	4 162	4 159	4 157	4 154	4 151	4 149	4 146	4 143	4 141
25	4 182	4 179	4 176	4 173	4 171	4 168	4 165	4 162	4 160	4 157	4 154	4 152	4 149	4 146	4 144	4 141
26	4 182	4 179	4 176	4 174	4 171	4 168	4 165	4 163	4 160	4 157	4 155	4 152	4 149	4 147	4 144	4 142
27	4 182	4 179	4 176	4 174	4 171	4 168	4 165	4 163	4 160	4 158	4 155	4 152	4 150	4 147	4 144	4 142

续表

温度/℃	\(绝对压力/(10^5 Pa)\) 1.0	10.0	20.0	30.0	40.0	50.0	60.0	70.0	80.0	90.0	100.0	110.0	120.0	130.0	140.0	150.0
28	4 182	4 179	4 176	4 174	4 171	4 168	4 166	4 163	4 160	4 158	4 155	4 152	4 150	4 147	4 145	4 142
29	4 182	4 179	4 176	4 174	4 171	4 168	4 166	4 163	4 160	4 158	4 155	4 153	4 150	4 147	4 145	4 142
30	4 182	4 179	4 176	4 174	4 171	4 168	4 166	4 163	4 160	4 158	4 155	4 153	4 150	4 148	4 145	4 143
31	4 182	4 179	4 176	4 174	4 171	4 168	4 166	4 163	4 161	4 158	4 155	4 153	4 150	4 148	4 145	4 143
32	4 181	4 179	4 176	4 174	4 171	4 168	4 166	4 163	4 161	4 158	4 156	4 153	4 151	4 148	4 146	4 143
33	4 181	4 179	4 176	4 174	4 171	4 168	4 166	4 163	4 161	4 158	4 156	4 153	4 151	4 148	4 146	4 143
34	4 182	4 179	4 176	4 174	4 171	4 168	4 166	4 163	4 161	4 158	4 156	4 153	4 151	4 148	4 146	4 144
35	4 181	4 179	4 176	4 174	4 171	4 168	4 166	4 163	4 161	4 159	4 156	4 154	4 151	4 149	4 146	4 144
36	4 181	4 179	4 176	4 174	4 171	4 168	4 166	4 163	4 161	4 159	4 156	4 154	4 151	4 149	4 146	4 144
37	4 181	4 179	4 176	4 173	4 171	4 168	4 166	4 164	4 161	4 159	4 156	4 154	4 151	4 149	4 147	4 144
38	4 181	4 178	4 176	4 173	4 171	4 168	4 166	4 164	4 161	4 159	4 156	4 154	4 151	4 149	4 147	4 144
39	4 181	4 178	4 176	4 173	4 171	4 168	4 166	4 164	4 161	4 159	4 156	4 154	4 152	4 149	4 147	4 145
40	4 181	4 178	4 176	4 173	4 171	4 168	4 166	4 164	4 161	4 159	4 156	4 154	4 152	4 149	4 147	4 145

注:中间值可通过线性插值求得.